创新型计算机精品教材

Vue.js 前端开发案例教程

主审　陆晓岚

主编　黎芷杉　严圣华　蒋荣新

内容提要

Vue.js 是目前流行的前端框架之一。本书从初学者的角度出发，使用通俗易懂的语言、丰富多彩的案例，详细地介绍了使用 Vue.js 3 进行前端开发需要掌握的知识和技术。本书内容全面、结构合理、循序渐进、讲练结合，共分为 8 个项目，分别为 Vue.js 入门、Vue.js 开发基础、Vue.js 指令、Vue.js 组件、过渡动画、路由管理、网络请求与状态管理、综合案例——开发图书销售网站。

本书可作为各类院校计算机应用技术、软件技术等相关专业的教材，也可作为前端开发相关从业人员的参考用书。

图书在版编目（CIP）数据

Vue.js 前端开发案例教程 / 黎芷杉，严圣华，蒋荣新主编. -- 上海 : 上海交通大学出版社，2024.9
ISBN 978-7-313-30360-8

Ⅰ. ①V… Ⅱ. ①黎… ②严… ③蒋… Ⅲ. ①网页制作工具－程序设计－教材 Ⅳ. ①TP393.092.2

中国国家版本馆 CIP 数据核字(2024)第 032006 号

Vue.js 前端开发案例教程

Vue.js QIANDUAN KAIFA ANLI JIAOCHENG

主　　编：黎芷杉　严圣华　蒋荣新

出版发行：上海交通大学出版社　　地　　址：上海市番禺路 951 号

邮政编码：200030　　电　　话：021-64071208

印　　制：北京鑫益晖印刷有限公司　　经　　销：全国新华书店

开　　本：787 mm×1092 mm　1/16　　印　　张：15.5

字　　数：358 千字

版　　次：2024 年 9 月第 1 版　　印　　次：2024 年 9 月第 1 次印刷

书　　号：ISBN 978-7-313-30360-8　　电子书号：ISBN 978-7-89424-919-7

定　　价：59.80 元

Vue.js 是一个用于构建用户界面的渐进式 JavaScript 框架。它采用了响应式的数据绑定机制，可以简化数据操作；使用了简洁明了的基于 HTML 的模板语法，易于学习和理解；提供了丰富的指令，有助于提高开发效率；提出了强大的组件化开发模式，不仅有助于提升代码的可维护性和可复用性，还使得项目结构更加清晰。这些特点使 Vue.js 成为一个非常受欢迎的前端框架，广泛应用于各种前端开发中。

为了帮助学生更好地学习 Vue.js，我们从初学者的角度出发，精心规划和编写了本书。

本书特色

1．春风化雨，立德树人

党的二十大报告指出：“育人的根本在于立德。”本书积极贯彻党的二十大精神，坚持秉承能力教育与素质教育同向同行的理念，借助正文中设置的“素养之窗”栏目，将能够体现职业素养、职业道德、工匠精神、创新思维等的内容潜移默化地融入知识和技能教育，力求培养有担当、高素质、高水平的专业型人才。

2．校企合作，协同育人

本书邀请相关企业专家参与案例设计和编写，结合企业对前端开发相关人才的实际要求，通过项目实施、项目实训及综合案例锻炼学生的工作思维和实践技能，充分发挥学校和企业各自在人才培养方面的优势，帮助学生实现从校园到企业的平稳过渡。

3．全新形态，全新理念

本书遵循“理论够用，实践第一”的原则，采用项目化教学方式，将项目内容分为课前、课中和课后 3 个模块，引导学生自主学习。课前，学生先通过“项目目标”和“项目描述”了解项目的主要目标和内容，然后通过“项目分析”了解项目实现的方法和步骤，最后通过观看视频完成“项目准备”中的引导问题；课中，学生通过“知识点+示例”的形式学习项目的相关知识，并完成“项目实施”中的案例；课后，学生通过“项目实训”“项目总结”和“项目考核”进一步练习和巩固项目所学的知识和技能，并通过“项目评价”评价整个项目的学习情况。

此外，本书还根据需要在各个项目设置了“提示”“知识库”“高手点拨”等栏目，适时提醒学生在学习与操作过程中需要注意的问题，让学生少走弯路，提高学习效率。

4．案例典型，实用性强

本书前 7 个项目中，不仅在讲解基础知识的同时安排了与知识点紧密结合的简单示例，还在每个项目的项目实施和项目实训部分根据该项目中的知识点安排了针对性较强的实际案例。另外，在最后一个项目中安排了一个综合案例。丰富的案例能够让学生轻松掌握相关知识，为今后的学习和工作打下坚实的基础。

5．资源升级，平台支撑

本书配有丰富的数字资源，学生可以借助手机或其他移动设备扫描二维码观看微课视频，也可以登录文旌综合教育平台“文旌课堂”查看和下载本书配套资源，如优质课件、项目考核答案、素材与实例等。学生在学习的过程中有什么疑问，也可以登录该平台寻求帮助。

此外，本书还提供了在线题库，支持“教学作业，一键发布”，教师只需通过微信或“文旌课堂”App 扫描扉页二维码，即可迅速选题、一键发布、智能批改，并查看学生的作业分析报告，提高教学效率，提升教学体验。学生可以在线完成作业，巩固所学知识，提高学习效率。

本书创作团队

本书由陆晓岚担任主审，黎芷杉、严圣华、蒋荣新担任主编，郝建丽、曾欣、朱蓓芳、李春林、沈卿、毛意津担任副主编。由于编者水平有限，书中存在的疏漏与不妥之处，敬请各位读者批评指正。

特别说明

在本书编写过程中，编者参考了大量资料，这些资料大部分已获授权，但由于部分资料来自网络，我们暂时无法联系到原作者。对此，我们深表歉意，并欢迎原作者随时与我们联系。

本书配套资源下载网址和联系方式

网址：https://www.wenjingketang.com

电话：400-117-9835

邮箱：book@wenjingketang.com

片　头

目录

CONTENTS

项目 1

Vue.js 入门

项目目标

知识目标

- 熟悉 Vue.js 的定义、特性和开发模式。
- 了解 Vue.js 的开发环境。
- 掌握 Vue.js 项目的创建方式和运行方式。
- 熟悉 Vue.js 项目的目录结构和运行过程。

技能目标

- 能够搭建 Vue.js 的开发环境。
- 能够创建并运行 Vue.js 项目。

素养目标

- 保持积极的学习态度，增强独立学习的能力。
- 努力强化自己的合作意识和共享精神。

项目描述

随着前端技术的不断发展，开源社区出现了许多优秀的前端框架，如 Vue.js、Angular、React 等。目前，国内最常用的前端框架是 Vue.js，它的核心理念是数据驱动视图，也就是说开发人员只需操作数据即可改变页面效果。Vue.js 能帮助开发人员减少开发过程中对文档对象模型（document object model, DOM）的操作，从而让开发人员将更多的精力投入业务逻辑中。

小刘是一名软件开发工程师，主要负责订餐系统项目的前端开发。综合考虑各方面因素后，小刘决定使用 Vue.js 开发订餐系统的前端，于是开始搭建 Vue.js 的开发环境，并创建订餐系统项目。

项目分析

搭建 Vue.js 的开发环境，需要安装 Visual Studio Code 编辑器、Node.js、包管理工具和浏览器。

创建订餐系统项目，需要使用 yarn 或 npm 包管理工具搭配项目构建工具 Vite 来完成。

为了顺利搭建 Vue.js 的开发环境，并完成订餐系统项目的创建工作，本项目将对相关知识进行介绍，包括 Vue.js 的定义、特性和开发模式，Vue.js 的开发环境，Vue.js 项目的构建工具、创建方式、目录结构和运行过程。

项目准备

全班学生以 3～5 人为一组进行分组，各组选出组长。组长组织组员扫码观看“前端技术的发展”视频，讨论并回答下列问题。

问题 1：简述前端技术的发展历程。

问题 2：你用过哪些前端框架？

前端技术的发展

1.1 初识 Vue.js

Vue.js 是一个简单易学的前端框架。本节将介绍 Vue.js 的定义、特性及开发模式。

1.1.1 Vue.js 的定义

Vue.js 是一款用于构建用户界面的渐进式框架，它主要关注视图层逻辑，采用自底向上、增量开发的设计方式，能够创建可维护性和可测试性更强的前端项目。Vue.js 是基于 HTML、CSS 和 JavaScript 构建的，它提供了一套声明式的、组件化的编程模型，允许将一个网页分割成多个可复用的组件，每个组件都包含属于自己的 HTML、CSS 和 JavaScript，以渲染网页的相应位置，帮助开发人员高效地开发用户界面。

Vue.js 是由尤雨溪（英文名：Evan You）创建的，并于 2014 年正式发布。目前，Vue.js 有 Vue.js 1、Vue.js 2 和 Vue.js 3 三个版本，Vue.js 1 几乎被淘汰，不建议学习和使用，Vue.js 2 和 Vue.js 3 应用较广泛。Vue.js 2 于 2023 年 12 月 31 日停止维护，Vue.js 3 将逐步替代 Vue.js 2。因此，本书以 Vue.js 3 为主讲解 Vue.js 的相关知识。

素养之窗

Vue.js 是开源的前端框架。开源就是开放源代码，任何人都可以获取并使用软件的源代码。在开源社区中，来自世界各地的开发人员互相分享知识和经验，协作研发同一个项目，共同创造出高质量的软件。目前，开源已经成为软件产业的重要组成部分，许多重要的软件都是基于开源软件开发的，广受欢迎的开源软件有 Linux 操作系统、Apache 服务器、MySQL 数据库等。

正如开源已成为软件行业的必然趋势一样，开放合作也是这个世界的必然趋势。作为大学生，更要在学好专业课的同时，强化自己的合作意识和共享精神，为科技的不断发展尽自己的一份力量。

1.1.2 Vue.js 的特性

作为目前最流行的前端框架之一，Vue.js 具有轻量级、双向数据绑定、指令、组件化管理、插件化开发等特性。

（1）轻量级。

相较于 Angular 和 React 而言，Vue.js 是一个更轻量级的前端框架，文件体积小，加载速度快。

（2）双向数据绑定。

Vue.js 最主要的特性就是双向数据绑定。在传统的 Web 项目中，将数据展示在视图上后，如果数据发生了变化，就需要通过 DOM 中的方法将变化同步到视图上，只有这样才能维持数据和视图一致。Vue.js 是一个响应式的数据绑定系统，建立数据绑定后，数据的变化可以自动同步到视图上，同时用户对视图的操作也能够同步到数据上，大大简化了开发过程，提高了开发效率。

（3）指令。

指令（Directives）是带有“v-”前缀的特殊属性，作用于 HTML 中的元素，能够动态地更新元素的状态。

（4）组件化管理。

Vue.js 支持组件化管理，允许开发人员将页面拆分为多个独立的、可重用的模块形成组件，每个组件都拥有自己的数据和视图。这种方式使得代码模块化，易于维护和扩展。

（5）插件化开发。

Vue.js 保持了轻量级的内核，它可以通过下载不同的插件实现路由管理、状态管理、与服务端通信等功能。

1.1.3 Vue.js 的开发模式

Vue.js 是采用 Model-View-ViewModel（简称 MVVM）模式进行前端开发的。MVVM 模式本质上是 Model View Controller（简称 MVC）模式的改进版，其主要目的是分离视图和模型，主要优点有低耦合、可重用、可独立开发、可测试等。

MVVM 模式包括 3 个核心部分。

（1）Model（模型）：由核心的业务逻辑产生的数据对象。

（2）View（视图）：用户在显示器上看到的结构、布局和外观，即用户界面，主要由 HTML 和 CSS 构建。

（3）ViewModel（视图模型）：主要功能是实现数据双向绑定。当用户操作 View，ViewModel 会感知到变化，并通知 Model 进行相应改变；反之当 Model 发生改变，ViewModel 也会感知到变化，并通知 View 进行更新。

ViewModel 向上与 View 进行双向数据绑定，向下与 Model 进行数据交互，起到承上启下的作用，如图 1-1 所示。

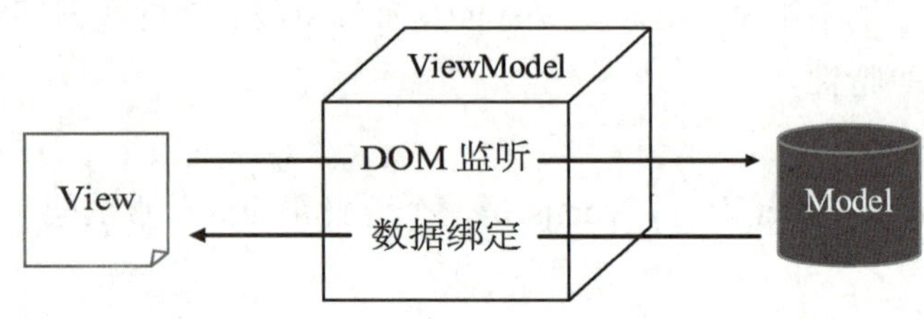

图 1-1　Vue.js 的 MVVM 实现

1.2 Vue.js 的开发环境

在开发 Vue.js 项目之前，首先要搭建 Vue.js 的开发环境。本节将介绍搭建 Vue.js 开发环境所需要的工具，包括 Visual Studio Code 编辑器、Node.js 环境、常见的包管理工具和浏览器。

1.2.1 Visual Studio Code 编辑器

开发项目时，一款优秀的编辑器可以大大提高开发效率。常用的编辑器有 Visual Studio Code、HBuilder X、WebStorm 等。

Visual Studio Code（简称 VS Code）是由微软开发的一款免费、开源、跨平台、非常适合前端开发的代码编辑器，且同时支持 Windows、MacOS、Linux 等操作系统。它具有 Git 版本控制、代码补全、语法检查、代码高亮等功能。另外，通过安装扩展，VS Code 编辑器几乎可以支持目前所有流行的编程语言。因此，本书使用 VS Code 编辑器编写代码。

1.2.2 Node.js 环境

Node.js 是一个基于 Chrome V8 引擎的 JavaScript 运行环境，用于构建高性能、可扩展的网络应用程序。Node.js 允许开发人员使用 JavaScript 进行服务器端编程，使他们可以使用同一种语言在客户端和服务器端开发应用程序。Node.js 具有异步、事件驱动和非阻塞 I/O 模型等特性，它非常适合处理高并发请求和构建实时应用程序。

Node.js 现已广泛应用于各种领域，如 Web 应用开发、实时通信、数据管理和微服务等。要使用 Vue.js 开发项目，自然离不开 Node.js 环境。

1.2.3 常见的包管理工具

在 Vue.js 项目开发中，经常需要安装各种第三方的包（package）来扩展项目的功能。包可以理解为包含一系列模块化代码的文件夹。项目中所用到的包称为项目的依赖（dependency）。

为了方便管理第三方的包，需要用到包管理工具。包管理工具可以帮助开发人员轻松地安装、更新和卸载包。常见的包管理工具有 Node Package Manager（简称 npm）和 Yet Another Resource Negotiator（简称 yarn）。

1. npm

npm 是 Node.js 默认的包管理工具，也是整个 Node.js 社区最流行、支持第三方包最多的包管理工具。Node.js 已经集成了 npm，只要安装了 Node.js，就可以使用 npm。

下载并安装 Node.js 后，可在命令提示符窗口中执行如下命令，查看 npm 的版本信息，如图 1-2 所示。

```
npm -v
```

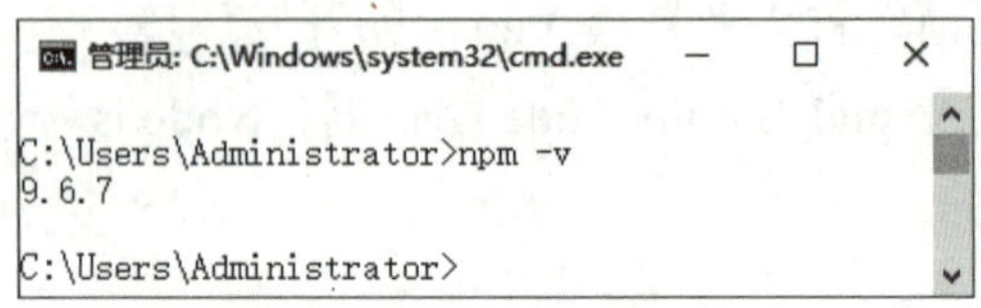

图 1-2　查看 npm 的版本信息

npm 提供了快速操作包的命令，执行这些命令可以对第三方包进行管理。

（1）安装指定名称的包，命令格式如下。

```
npm install 包名 -g
```

该命令的简写格式如下。

```
npm i 包名 -g
```

使用上述命令安装的包称为全局包，任何项目都可以使用。如果省略命令中的“-g”，则安装的包称为项目包，只有安装了该包的项目可以使用。如果省略命令中的“包名”，则 npm 会根据当前目录下“package.json”文件中保存的包信息为项目安装所有的包。

（2）卸载指定名称的包，命令格式如下。

```
npm uninstall 包名
```

（3）更新指定名称的包，命令格式如下。

```
npm update 包名
```

为了提高包的下载速度，可以将包的下载源切换至国内镜像服务器。将 npm 的包下载源切换至国内镜像服务器的命令如下。

```
npm config set registry https://registry.npmmirror.com
```

验证包下载源是否切换成功的命令如下。

```
npm config get registry
```

执行上述命令后，若输出镜像服务器地址，则表示包下载源切换成功。

2. yarn

yarn 也是一种包管理工具，类似于 npm，用于帮助开发人员轻松地管理第三方包。yarn 能够提高包的安装效率，节约安装时间。yarn 具有以下特点。

速度快：yarn 利用并行下载提高资源利用率，加快包的下载速度。yarn 会缓存每个下载过的包，开发人员再次使用时无须重复下载。

可靠性：yarn 通过锁定文件（yarn.lock）确保每次安装的包版本一致。

自动安装：yarn 可以自动处理缺失的包，无须手动干预。

安全性：在运行代码前，yarn 会通过算法验证每个包的完整性，确保安装的包没有被篡改。

yarn 提供了快速操作包的命令，执行这些命令就可以对第三方包进行管理。

（1）安装项目所需的包，命令格式如下。

```
yarn install -g
```

该命令的简写格式如下。

```
yarn -g
```

使用上述命令安装的包称为全局包，任何项目都可以使用。如果省略命令中的“-g”，则安装的包称为项目包，只有安装了该包的项目可以使用。

（2）添加指定名称的包，命令格式如下。

```
yarn add 包名
```

（3）卸载指定名称的包，命令格式如下。

```
yarn remove 包名
```

（4）更新指定名称的包，命令格式如下。

```
yarn upgrade 包名
```

yarn 是一个高效、安全和可靠的包管理工具，因此本书使用 yarn 包管理工具。

1.2.4 浏览器

浏览器在前端开发中主要用于运行和测试网页文件，同时它也是用户访问互联网上各种网页的必备工具。目前，市面上有多种多样的浏览器，其中常见的几种浏览器如表 1-1 所示。

表 1-1 常见的浏览器介绍

浏览器	开发商	介绍
360 安全浏览器	360 安全中心	基于 Chromium 和 Internet Explorer 双内核，支持多种网络协议，包括 HTTP、HTTPS、FTP 等，同时提供了智能屏蔽广告、恶意网站拦截等功能，可以有效地保护用户的网络安全
QQ 浏览器	腾讯	基于 Chromium 和 Internet Explorer 双内核，网页加载速度快，不卡顿
搜狗高速浏览器	搜狗	基于 Chromium 内核，力求为用户提供跨终端无缝使用体验，让上网更简单，让网页阅读更流畅
谷歌浏览器	Google	基于 Blink 内核，简洁、快速、兼容性良好
火狐浏览器	Mozilla	基于 Gecko 内核，功能丰富、注重隐私、体验感良好

本书使用 360 安全浏览器运行和测试网页文件。

1.3 Vue.js 项目

在使用 Vue.js 开发大型项目时，需要考虑项目的目录结构、项目构建、项目部署、热加载、代码单元测试等多个环节，这些环节往往需要花费较多的时间，且影响开发效率。因此，需要借助能够搭建项目框架并完成初始配置的项目构建工具创建项目。下面详细介绍项目构建工具 Vite、项目的创建方式、项目的目录结构和项目的运行过程。

1.3.1 项目构建工具

Vite 是一个轻量级的、运行速度快的新型前端项目构建工具，能够显著提升用户的前端开发体验。它支持模块热更新（hot module replacement, HMR），可以即时、准确地更新模块，当代码修改时无须重新加载页面或清除应用程序状态，即可实时更新页面效果。

Vite 对项目中的模块进行按需加载，可以大大减少项目运行时间。Vite 不需要以命令的方式安装和卸载，只要安装了 npm 或 yarn，就可以使用 Vite 的相关命令构建项目。Vite 会作为项目的开发依赖保存在项目的 node_modules 目录中。

提 示

Node.js 的版本必须为 14.18 以上才能使用 Vite，并且有些模块需要依赖更高的 Node.js 版本才能运行。因此，在包管理工具发出警告时，要及时更新 Node.js 的版本。

1.3.2 项目的创建方式

Vue.js 项目的创建需要使用包管理工具搭配 Vite 来完成，创建方式有两种，一种是手动创建项目，另一种是通过模板自动创建项目。

1. 手动创建项目

使用 npm 或 yarn 包管理工具搭配 Vite 手动创建项目，命令如下。

```
npm create vite@latest          //使用 npm create 命令创建项目
yarn create vite                //使用 yarn create 命令创建项目
```

执行上述命令后，需要根据提示信息输入项目名称、选择框架和选择变体。项目创建完成后，会显示一些命令，执行这些命令可以运行项目，具体命令及解释如下。

```
cd vite-project                 //切换至项目的目录
yarn                            //安装项目所需的包
yarn dev                        //运行项目
```

2. 通过模板自动创建项目

通过模板自动创建项目的方式相对简单，它可以通过附加的命令行选项直接指定项目名称和模板，省去输入项目名称、选择框架和选择变体的环节。Vite 提供了许多模板，可以创建 Vite+React+TS、Vite+Vue、Vite+Svelte 等类型的项目。通过附加的命令行选项直接指定项目名称和模板的命令格式如下。

```
//使用 npm 6 创建项目
npm create vite@latest 项目名称 --template 模板名称
//使用 npm 7 或更高版本创建项目
npm create vite@latest 项目名称 -- --template 模板名称
//使用 yarn 创建项目
yarn create vite 项目名称 --template 模板名称
```

其中，项目名称表示用户自定义的项目名；“--template 模板名称”表示指定创建项目使用的模板。如果要创建一个 Vue.js 项目，将模板名称设置为“vue”即可。

1.3.3 项目的目录结构

使用 VS Code 编辑器打开项目所在文件夹，即可看到项目的目录结构，如图 1-3 所示。目录结构的详细说明如下。

```
VITE-PROJECT
  > .vscode
  > node_modules
  > public
  v src
    > assets
    v components
      HelloWorld.vue
    App.vue
    main.js
    style.css
  .gitignore
  index.html
  package.json
  README.md
  vite.config.js
  yarn.lock
```

图 1-3 Vite 项目的目录结构

（1）.vscode：存放 VS Code 编辑器的相关配置。

（2）node_modules：存放项目的依赖。

（3）public：存放项目中不可编译的静态资源文件。该目录下的文件需要使用绝对路径访问。

（4）src：存放开发人员编写的项目源代码。

（5）src\assets：存放项目中可编译的静态资源文件，如样式文件、图片等。该目录下的文件需要使用相对路径访问。

（6）src\components：存放编写的单文件组件，即后缀为“.vue”的文件。

（7）src\components\HelloWorld.vue：名称为 HelloWorld 的单文件组件。

（8）src\App.vue：项目的根组件。

（9）src\main.js：程序入口文件，加载各种公共组件和项目所需的各种插件，并创建 Vue.js 实例。

（10）src\style.css：项目的全局样式文件。

（11）.gitignore：配置在向 Git 提交项目代码时忽略哪些文件或文件夹。

（12）index.html：项目页面的入口文件。

（13）package.json：包的配置文件。

（14）README.md：项目使用说明文件。

（15）vite.config.js：存放 Vite 的相关配置。

（16）yarn.lock：存放每个包的安装版本，在使用 yarn 安装、升级、卸载包时，会自动更新该文件。

1.3.4 项目的运行过程

创建项目后，执行“yarn dev”命令，会运行项目。项目会通过 src\main.js 文件将 src\App.vue 文件渲染到 index.html 文件的指定区域。下面对项目中的 src\App.vue、index.html 和 src\min.js 文件进行代码解析，讲解项目的运行过程。

（1）src\App.vue 文件。

Vue.js 项目是由各种组件组成的，src\App.vue 文件是项目的根组件，也是一个典型的单文件组件，包括<script>、<template>和<style>3 部分。在<script>标签中定义组件的行为和逻辑，使用 JavaScript 语言进行编写；在<template>标签中定义组件的结构和内容，使用 HTML 语言进行编写；在<style>标签中定义组件的样式，使用 CSS 语言进行编写。在根组件中可以引用其他组件，从而显示其他组件的内容。src\App.vue 文件的代码如下。

```
<script setup>
  import HelloWorld from './components/HelloWorld.vue'
</script>
<template>
  <div>
    <a href="https://vitejs.dev" target="_blank">
      <img src="/vite.svg" class="logo" alt="Vite logo" />
    </a>
    <a href="https://vuejs.org/" target="_blank">
      <img src="./assets/vue.svg" class="logo vue" alt="Vue logo" />
    </a>
  </div>
  <HelloWorld msg="Vite + Vue" />
</template>
<style scoped>
  .logo{
    height:6em;
    padding:1.5em;
    will-change:filter;
    transition:filter 300ms;
  }
```

```
22 .logo:hover{
23   filter:drop-shadow(0 0 2em #646cffaa);
24 }
25 .logo.vue:hover{
26   filter:drop-shadow(0 0 2em #42b883aa);
27 }
28</style>
```

上述代码中，第 1 行至第 3 行代码在<script>标签中使用 import 语句导入 HelloWorld 组件；第 4 行至第 14 行代码在<template>标签中布局一个图标和一个自定义的 HelloWorld 组件；第 15 行至第 28 行代码在<style>标签中定义 App 组件的 CSS 样式，其中第 15 行代码为<style>标签添加了 scoped 属性，表示<style>标签中的 CSS 样式只作用于当前组件。

（2）index.html 文件。

index.html 文件是页面的入口文件，也是项目的主页面文件，其代码如下。

```
1 <!doctype html>
2 <html lang="en">
3  <head>
4    <meta charset="UTF-8" />
5    <link rel="icon" type="image/svg+xml" href="/vite.svg" />
6    <meta name="viewport" content="width=device-width,initial-scale=1.0" />
7    <title>Vite + Vue</title>
8  </head>
9  <body>
10   <div id="app"></div>
11   <script type="module" src="/src/main.js"></script>
12  </body>
13</html>
```

上述代码中，第 10 行代码定义 id 为 app 的<div>标签，在 src\main.js 文件中已经将其指定为 Vue.js 实例要控制的区域；第 11 行代码在<script>标签中添加了 type 属性，其值为 module，表示可以使用 ES6 Module 方式导入文件。

（3）src\main.js 文件。

src\main.js 是程序入口文件，主要用于加载各种公共组件和项目所需的各种插件，并创建 Vue.js 的实例。src\main.js 文件的代码如下。

```
import {createApp} from 'vue'
import './style.css'
import App from './App.vue'
createApp(App).mount('#app')
```

上述代码中，第 1 行代码使用 import 语句导入 createApp() 函数，该函数用于创建 Vue.js 实例；第 2 行代码导入 style.css 基础样式文件；第 3 行代码导入 App.vue 根组件，并保存为 App 变量；第 4 行代码先将 App 变量作为参数传递给 createApp()函数，创建 Vue.js 实例，然后使用 mount()方法将 Vue.js 实例挂载到 id 为 app 的容器上，从而在页面中显示根组件的渲染效果。

第 3 行代码导入的 App.vue 是项目的根组件，在 Vue.js 中，每个项目的入口都是一个根组件。根组件在整个项目中担任着非常重要的角色，它是所有其他组件的父组件，也是必须存在的组件之一。App.vue 是项目默认的根组件，在实际开发过程中，若开发人员要以其他组件为根组件，可修改 src\main.js 文件中导入根组件的语句；若开发人员以 App.vue 为根组件，但要导入其他子组件，可修改 src\App.vue 文件中导入子组件的语句。

为了方便理解，第 4 行的代码可以写为如下形式。

```
1 const app=createApp(App)
2 app.mount('#app')
```

第 1 行代码使用 createApp()函数创建一个 Vue.js 实例，并定义为 app；第 2 行代码使用实例 app 的 mount()方法，指定 Vue.js 要控制的区域是 id 为 app 的容器。

项目实施 1 ——搭建 Vue.js 的开发环境

搭建 Vue.js 的开发环境

本项目实施带领大家搭建 Vue.js 的开发环境，包括安装和使用 VS Code 编辑器、安装 Node.js、安装 yarn 和安装 360 安全浏览器。

1. 安装和使用 VS Code 编辑器

步骤 1 使用浏览器访问“https://code.visualstudio.com/updates/v1_82”，在打开的页面中单击“x64”链接文字，下载 VS Code 安装文件，如图 1-4 所示。

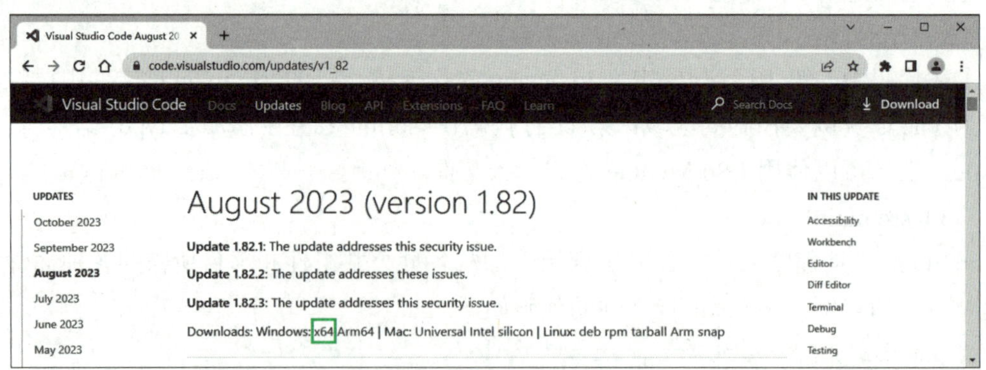

图 1-4 下载 VS Code 安装文件

步骤 2 下载完成后，双击下载的“VSCodeUserSetup-x64-1.82.3.exe”文件，打开“安装 - Microsoft Visual Studio Code (User)”对话框，显示“许可协议”界面，选中“我同意此协议”单选钮，单击“下一步”按钮，如图 1-5 所示。

步骤 3 显示“选择目标位置”界面，单击“浏览”按钮，选择合适的安装位置，然后单击“下一步”按钮，如图 1-6 所示。

图 1-5 设置许可协议

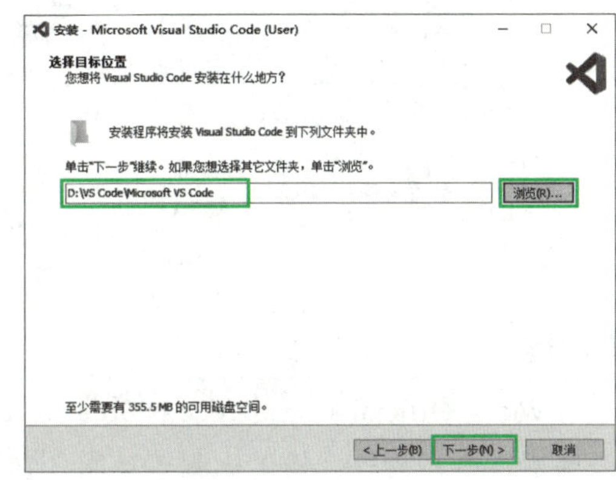

图 1-6 设置安装位置

步骤 4 连续单击“下一步”按钮，保持界面默认设置，最后单击“安装”按钮，开始安装。

步骤 5 安装完成后，在显示的界面中单击“完成”按钮。

步骤 6 启动 VS Code 编辑器，显示“Welcome”界面，选择“Light Modern”颜色主题（默认为“Dark Modern”），如图 1-7 所示。

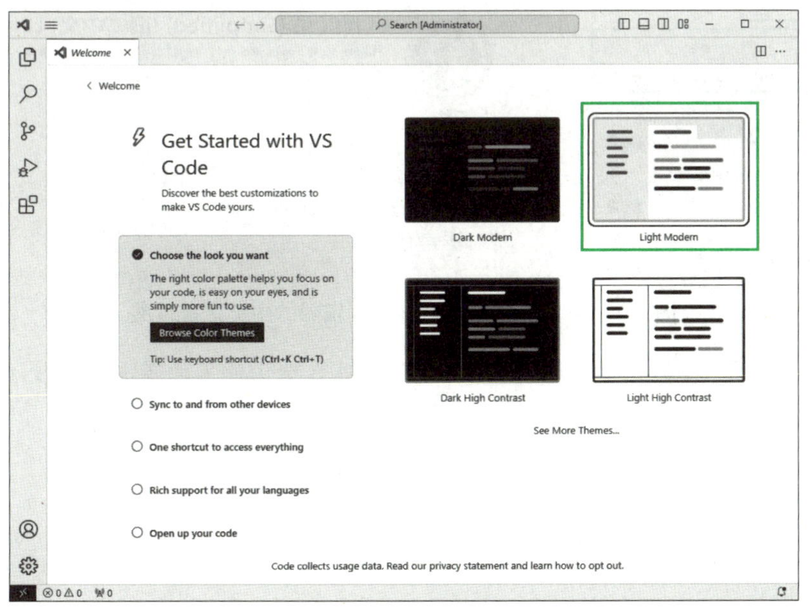

图 1-7 选择颜色主题

步骤 7 选择界面左侧的“Extensions”选项，打开“EXTENSIONS:MARKETPLACE”窗格，然后在搜索框中输入“Vue - Official”，在列表中选择“Vue - Official”选项；最后单击“Install”按钮，安装 Vue - Official 扩展，如图 1-8 所示。

图 1-8 安装 Vue - Official 扩展

知识库 •••

> Vue - Official 扩展为 Vue.js 项目中后缀为“.vue”的文件提供语法支持、代码高亮显示、格式校验、错误检测等功能，它还包含一些独有功能，如编辑器快捷分割、class 追溯、lang 语法提示等。

步骤 8 继续在搜索框中输入“Chinese”，在列表中选择“Chinese（Simplified）（简体中文）”选项，然后单击“Install”按钮，安装适用于 VS Code 编辑器的中文语言扩展，如图 1-9 所示。

图 1-9 安装适用于 VS Code 编辑器的中文语言扩展

步骤 9 重启 VS Code 编辑器，VS Code 编辑器默认使用的英文即可变为中文，界面效果如图 1-10 所示。

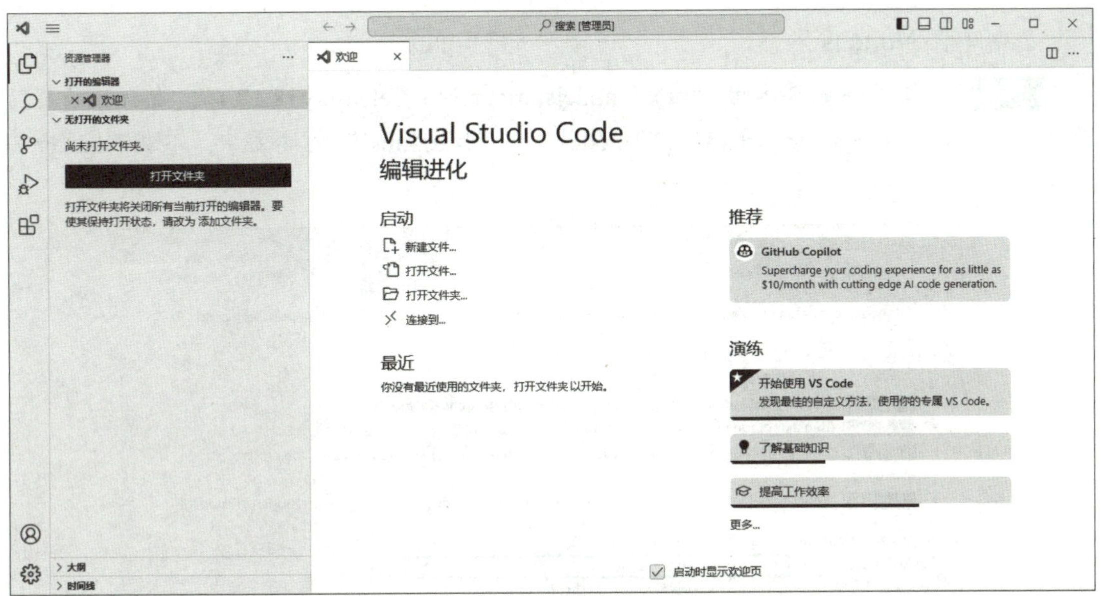

图 1-10 VS Code 编辑器中文界面效果

步骤 10 单击上方菜单栏中的“文件”按钮，在展开的列表中选择“新建文件”选项；打开“新建文件”窗格，在编辑框中输入“Hello.html”，并按“Enter”键；打开“创建文件”对话框，选择合适的保存位置，并单击“创建文件”按钮，新建文件，如图 1-11 所示。

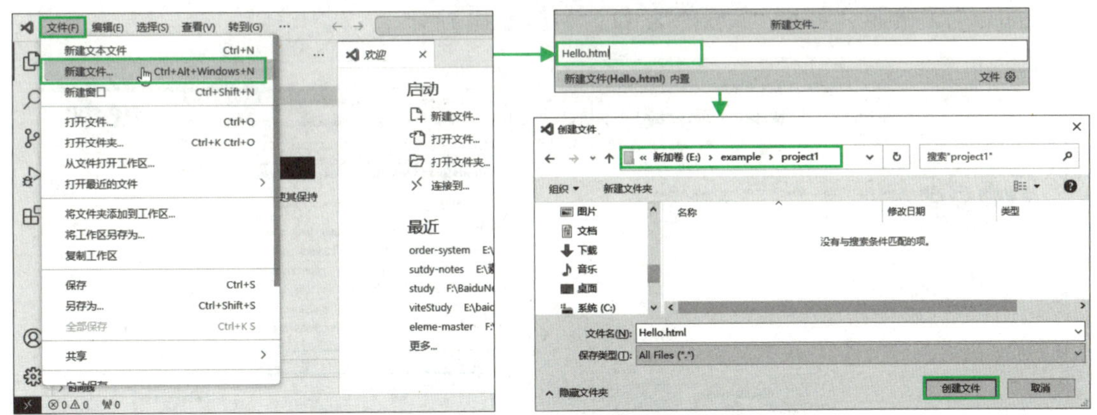

图 1-11 新建文件

知识库

在 VS Code 编辑器中，除了可以新建 HTML 文件，也可以新建其他类型的文件，只需在输入文件名时加上表示文件类型的后缀即可。例如，新建 CSS 文件时，在输入文件名时加上后缀“.css”。

2．安装 Node.js

步骤 1 使用浏览器访问“https://nodejs.org/en/blog/release/v18.17.1”，在打开的页面中单击“https://nodejs.org/dist/v18.17.1/node-v18.17.1-x64.msi”链接文字，下载 Node.js 安装文件，如图 1-12 所示。

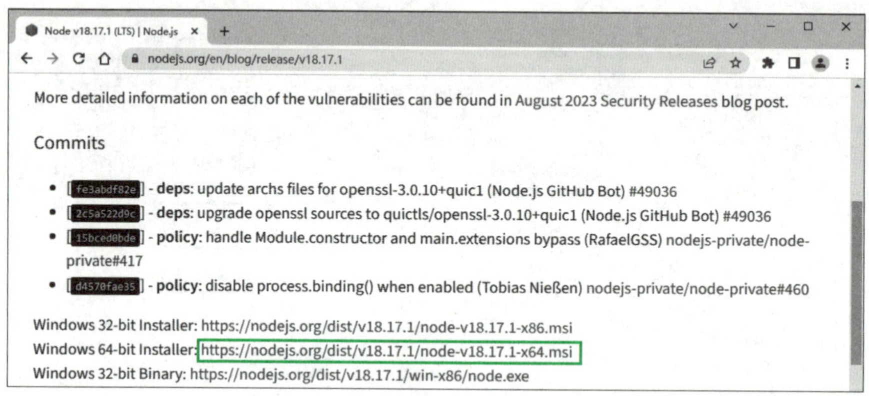

图 1-12　下载 Node.js 安装文件

步骤 2 下载完成后，双击下载的“node-v18.17.1-x64.msi”文件，然后在打开的“Node.js Setup”对话框中单击“Next”按钮，如图 1-13 所示。

步骤 3 显示“End-User License Agreement”界面，勾选“I accept the terms in the License Agreement”复选框，单击“Next”按钮，如图 1-14 所示。

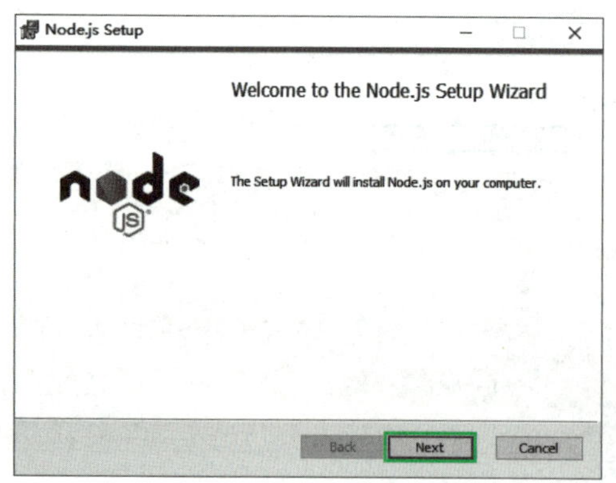

图 1-13　单击“Next”按钮

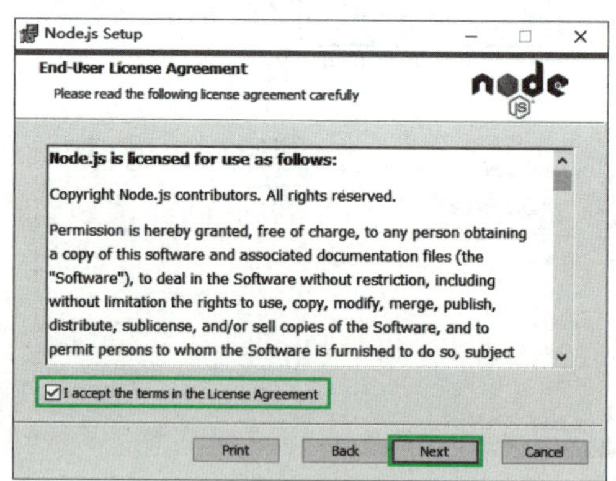

图 1-14　设置许可协议

步骤 4 显示“Destination Folder”界面，单击“Change”按钮，显示“Change destination folder”界面，指定安装的位置并单击“OK”按钮，如图 1-15 所示。

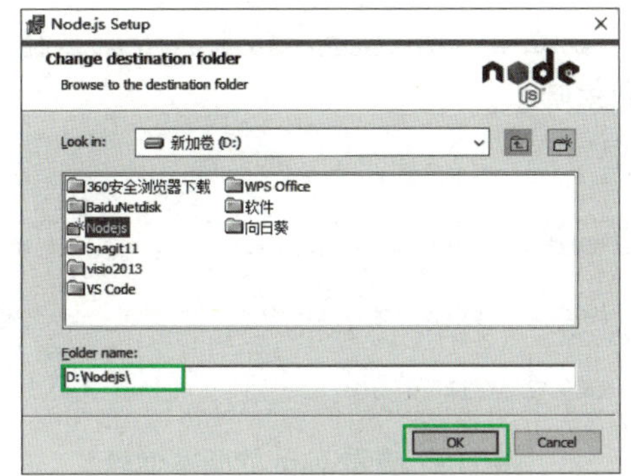

图 1-15　设置安装位置

步骤 5　连续单击“Next”按钮，保持界面默认设置，最后单击“Install”按钮，开始安装。

步骤 6　安装完成后，单击“Finish”按钮，关闭对话框。

步骤 7　按“Win+R”组合键打开“运行”对话框，在“打开”编辑框中输入“cmd”，单击“确定”按钮，打开命令提示符窗口，如图 1-16 所示。

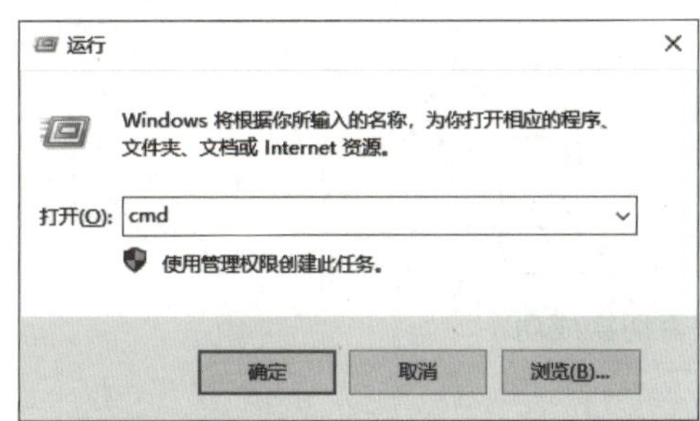

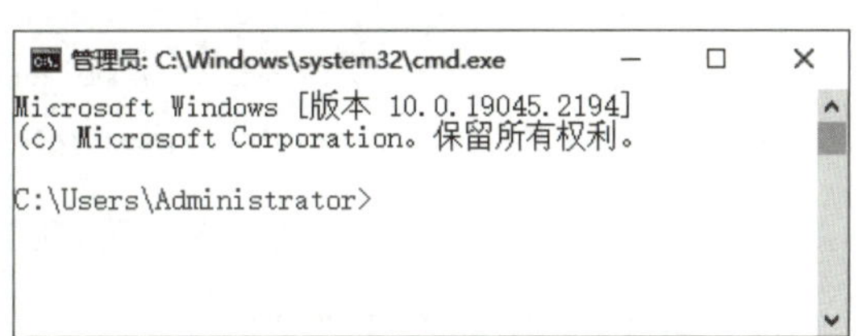

图 1-16　打开命令提示符窗口

步骤 8　在命令提示符窗口中，执行如下命令，查看 Node.js 的版本信息。若成功输出 Node.js 的版本信息，则表示 Node.js 安装成功，如图 1-17 所示。

```
node -v
```

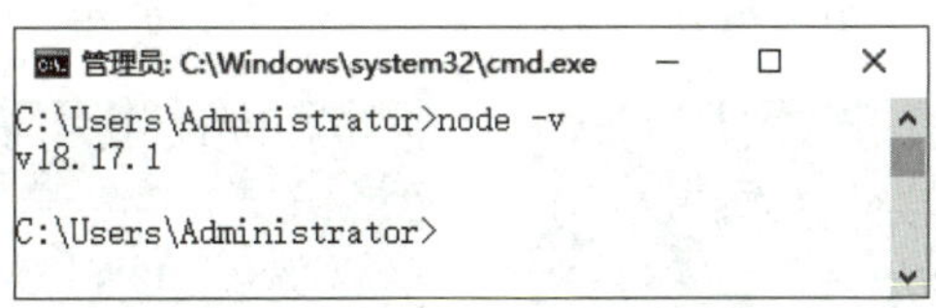

图 1-17　查看 Node.js 的版本信息

3. 安装 yarn

步骤 1　打开命令提示符窗口，执行如下命令安装 yarn。

```
npm install yarn@1.22.19 -g
```

步骤 2 执行如下命令，查看 yarn 的版本信息。若成功输出 yarn 的版本信息，则表示 yarn 安装成功，如图 1-18 所示。

```
yarn -v
```

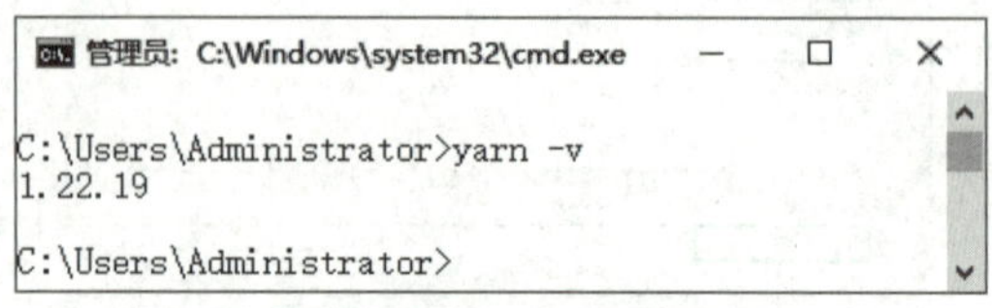

图 1-18 查看 yarn 的版本信息

步骤 3 执行如下命令，将 yarn 的包下载源切换至国内镜像服务器，以提高下载包的速度。

```
yarn config set registry https://registry.npmmirror.com
```

步骤 4 执行如下命令，验证包下载源是否切换成功。若输出镜像服务器地址，则表示切换成功，如图 1-19 所示。

```
yarn config get registry
```

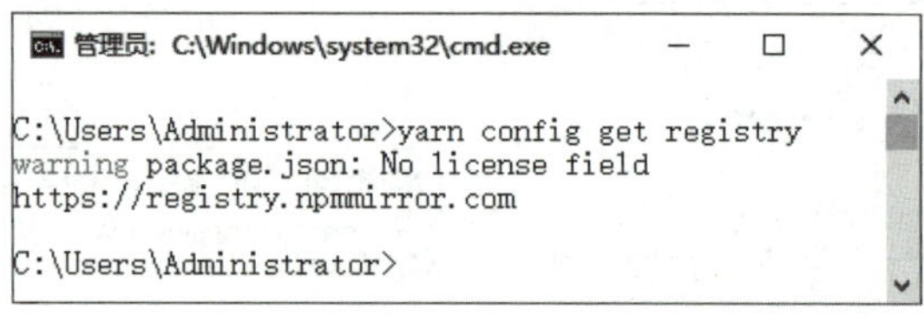

图 1-19 验证包下载源是否切换成功

4. 安装 360 安全浏览器

步骤 1 使用浏览器访问 "https://browser.360.cn/se/"，在打开的页面中单击"立即体验"链接文字，下载最新的 360 安全浏览器安装文件。

步骤 2 下载完成后，双击下载的安装文件，在打开的对话框中勾选"同意使用许可协议"复选框，并单击"安装"按钮，开始安装，如图 1-20 所示。安装完成后，系统自动打开 360 安全浏览器，即可开始使用。

图 1-20 安装 360 安全浏览器

项目实施 2 ——创建订餐系统项目

创建订餐系统项目

本项目实施带领大家使用 yarn 包管理工具搭配 Vite 手动创建并运行订餐系统项目 order-system。

步骤 1 打开命令提示符窗口，输入“E:”并按“Enter”键切换至 E 盘，然后执行如下命令，切换至创建项目的目录，如图 1-21 所示。

```
cd example\project1
```

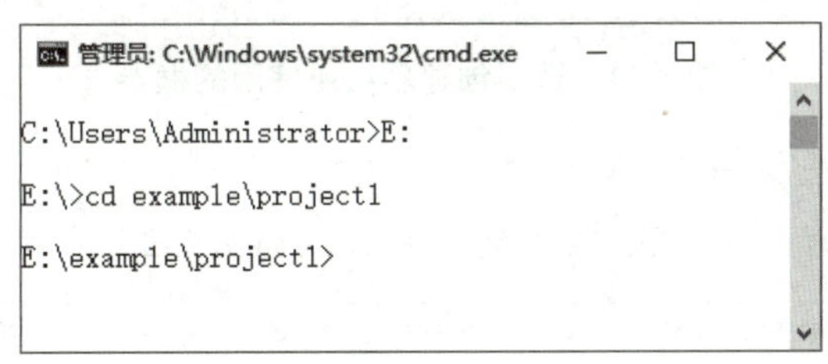

图 1-21 切换至创建项目的目录

提 示

在实际开发中，项目的路径及项目中的文件夹和文件建议使用英文命名，避免代码编译过程中出现乱码。

步骤 2 执行如下命令，Vite 提示输入项目名称，输入“order-system”并按“Enter”键确认，如图 1-22 所示。

```
yarn create vite
```

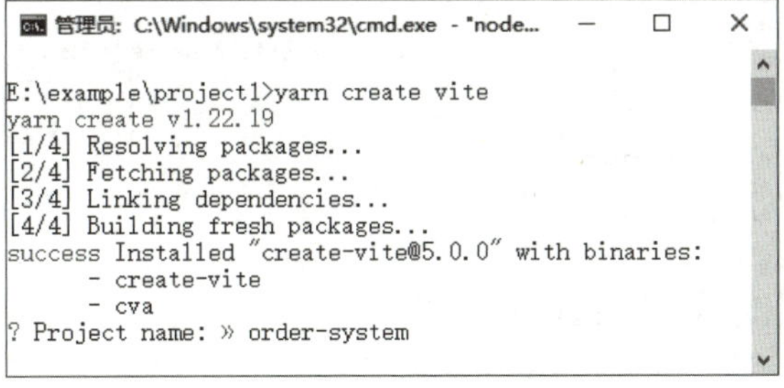

图 1-22 输入项目名称

提 示

当创建一个同名项目时，Vite 会给出提示信息是否删除现有文件并继续，如果选择“n”会取消创建，如果选择“y”会继续创建。

步骤 3 Vite 提示选择创建项目所使用的框架，按“↑”或“↓”键选中“Vue”，然后按“Enter”键确认，如图 1-23 所示。

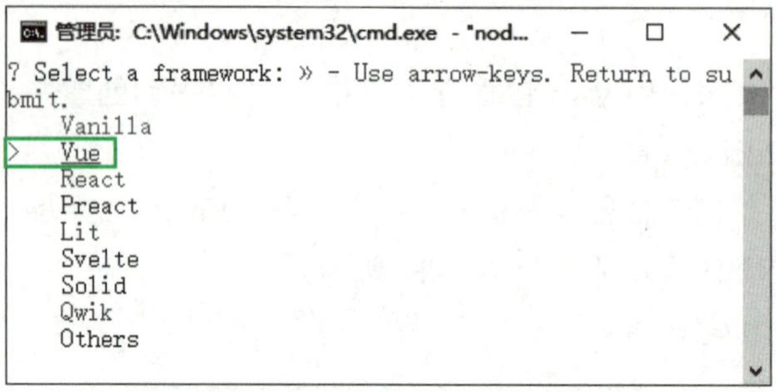

```
管理员: C:\Windows\system32\cmd.exe - "nod...
? Select a framework: » - Use arrow-keys. Return to submit.
    Vanilla
>   Vue
    React
    Preact
    Lit
    Svelte
    Solid
    Qwik
    Others
```

图 1-23 选择创建项目所使用的框架

步骤 4 Vite 提示选择一个变体，按“↑”或“↓”键选中“JavaScript”，然后按“Enter”键确认，如图 1-24 所示。Vite 提示项目创建完成，如图 1-25 所示。

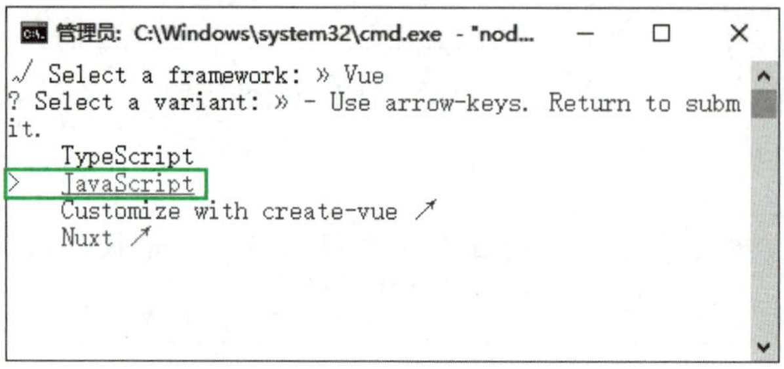

```
管理员: C:\Windows\system32\cmd.exe - "nod...
√ Select a framework: » Vue
? Select a variant: » - Use arrow-keys. Return to submit.
    TypeScript
>   JavaScript
    Customize with create-vue ↗
    Nuxt ↗
```

图 1-24 选择变体

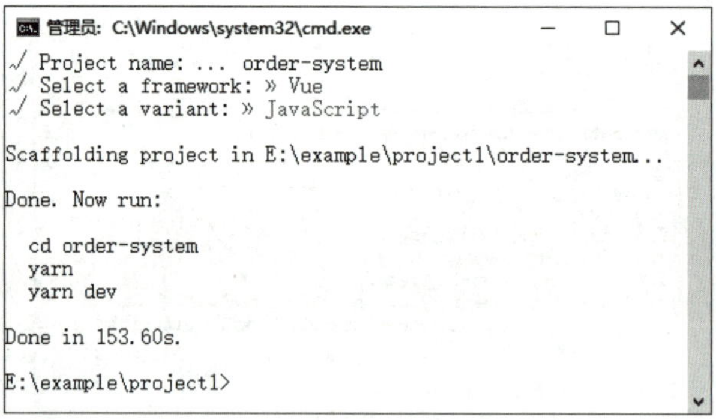

```
管理员: C:\Windows\system32\cmd.exe
√ Project name: ... order-system
√ Select a framework: » Vue
√ Select a variant: » JavaScript

Scaffolding project in E:\example\project1\order-system...

Done. Now run:

  cd order-system
  yarn
  yarn dev

Done in 153.60s.

E:\example\project1>
```

图 1-25 项目创建完成

步骤 5 打开 VS Code 编辑器，单击上方菜单栏中的“文件”按钮，然后在展开的列表中选择“打开文件夹”选项，最后在打开的“打开文件夹”对话框中选择“order-system”文件夹，打开 order-system 项目。

步骤 6 打开项目中的“package.json”文件，将 Vue.js 的版本设置为“3.3.8”，将 Vite 的版本设置为“5.0.0”，然后按“Ctrl+S”组合键保存文件，如图 1-26 所示。

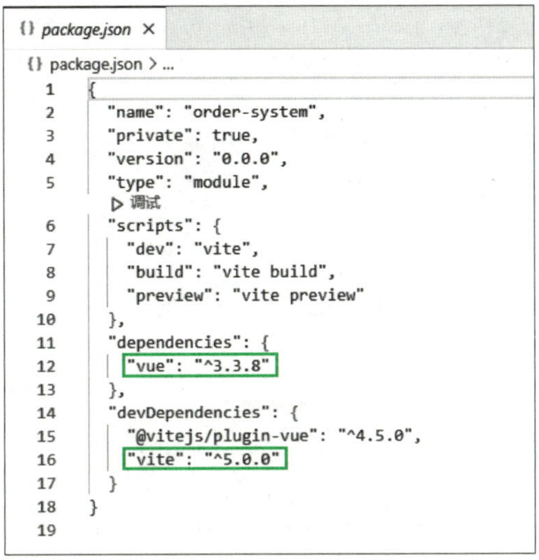

```
{} package.json ×
{} package.json > ...
{
  "name": "order-system",
  "private": true,
  "version": "0.0.0",
  "type": "module",
  ▷ 调试
  "scripts": {
    "dev": "vite",
    "build": "vite build",
    "preview": "vite preview"
  },
  "dependencies": {
    "vue": "^3.3.8"
  },
  "devDependencies": {
    "@vitejs/plugin-vue": "^4.5.0",
    "vite": "^5.0.0"
  }
}
```

图 1-26 设置版本

提 示

使用 yarn 搭配 Vite 创建项目时，Vue.js 和 Vite 的版本默认是最新的。本书使用的 Vue.js 版本为 3.3.8，Vite 版本为 5.0.0，因此需要设置项目中 Vue.js 和 Vite 的版本。在实际开发中，若需要用最新版本的 Vue.js 和 Vite，可忽略步骤 5 和步骤 6。

步骤 7 切换至命令提示符窗口，执行如下命令，切换至项目的根目录。

```
cd order-system
```

步骤 8 执行如下命令，安装项目所需的包，结果如图 1-27 所示。

```
yarn
```

步骤 9 执行如下命令，运行项目，结果如图 1-28 所示。

```
yarn dev
```

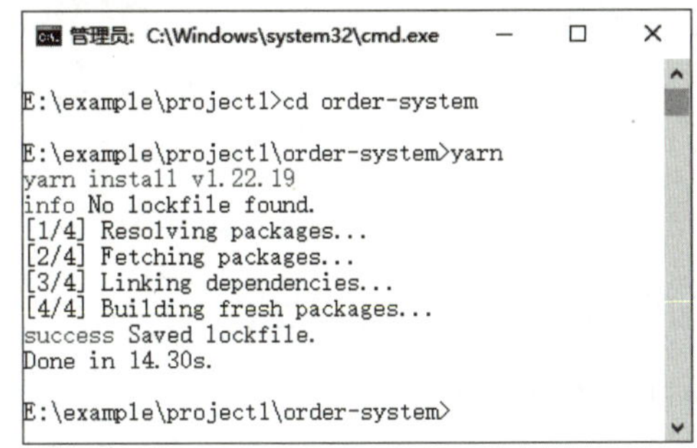

图 1-27 安装项目所需的包

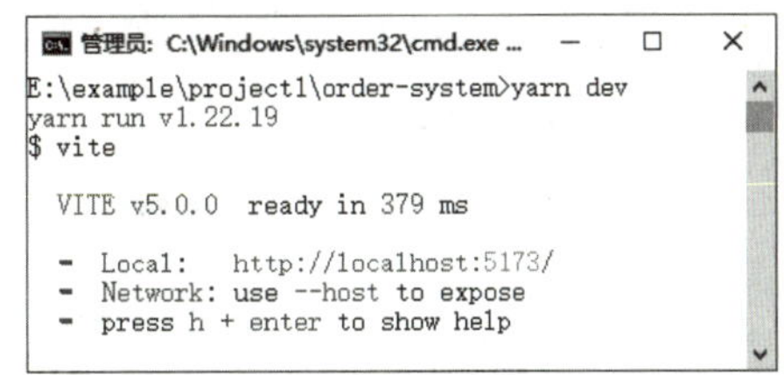

图 1-28 运行项目

步骤 10 启动 360 安全浏览器，访问“http://localhost:5173/”，页面效果如图 1-29 所示。

步骤 11 切换至命令提示符窗口，按“Ctrl+C”组合键，停止运行项目。

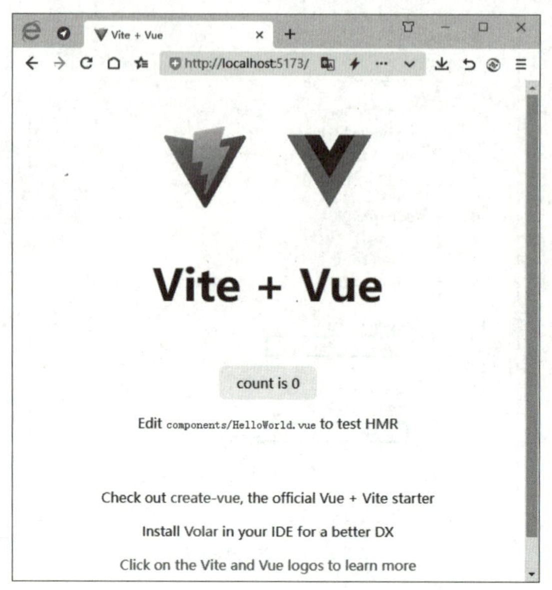

图 1-29　order-system 项目页面效果

项目实训

1. 实训目的

（1）掌握通过模板自动创建 Vue.js 项目的方法。

（2）掌握运行 Vue.js 项目的方法。

2. 实训内容

使用 yarn 包管理工具搭配 Vite 提供的模板自动创建编程学习项目 study。

（1）打开命令提示符窗口，切换至创建项目的目录“E:\example\project1”。

（2）通过模板自动创建编程学习项目 study。

（3）设置项目中 Vue.js 和 Vite 的版本。

（4）运行项目并查看页面效果。

3. 实训小结

按要求完成实训内容，并将实训过程中遇到的问题和解决办法记录在表 1-2 中。

表 1-2　实训过程中遇到的问题和解决办法

序号	主要问题	解决办法
1		
2		

（续表）

序号	主要问题	解决办法
3		
4		
5		

项目总结

完成本项目的学习与实践后，请总结应掌握的重点内容，并将图 1-30 的空白处填写完整。

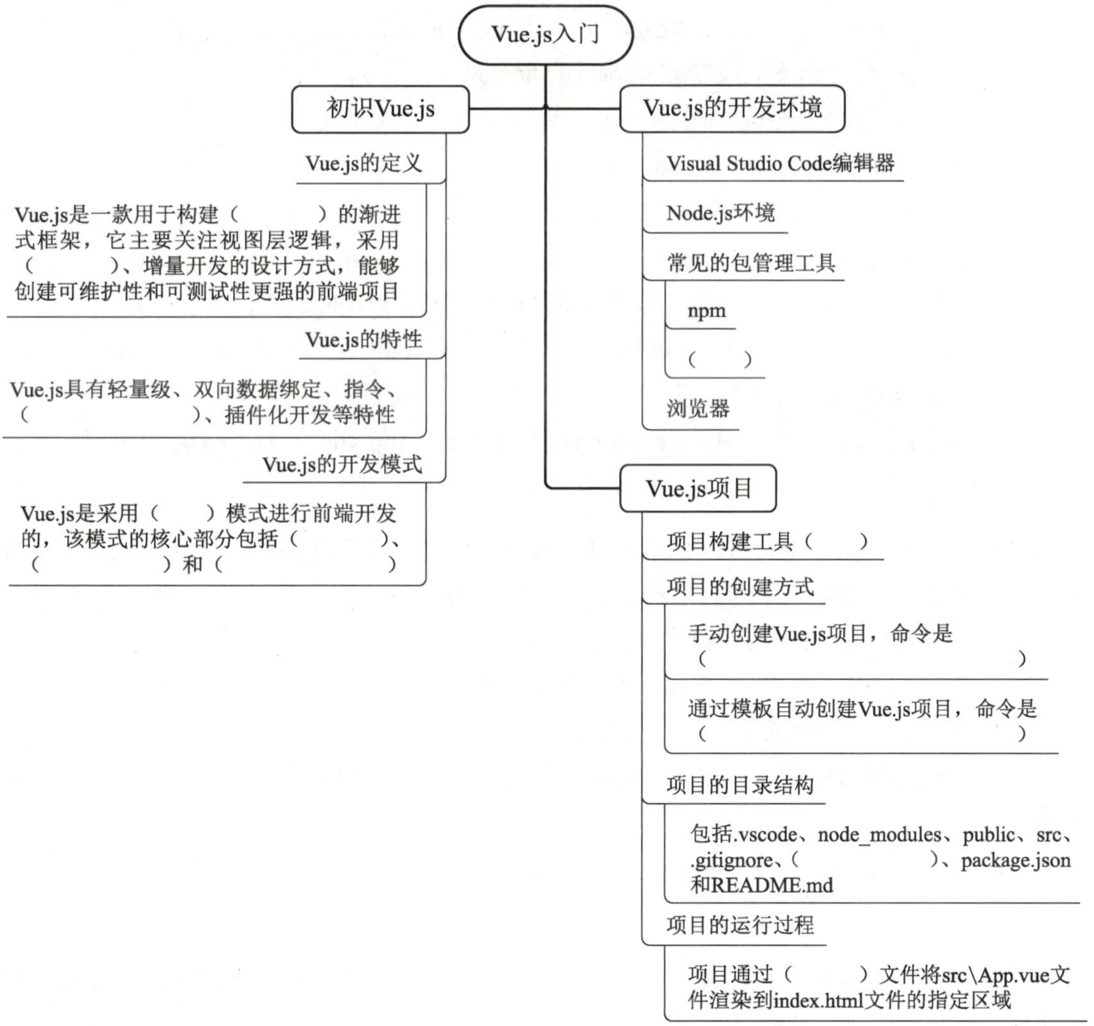

图 1-30 项目总结

项目考核

1. 选择题

（1）下列选项中，不属于 Vue.js 特性的是（　　）。

A. 双向数据绑定　　B. 不可维护
C. 插件化开发　　D. 组件化管理

（2）Vue.js 采用（　　）模式进行前端开发。

A. MVC　　B. MVP　　C. MVM　　D. MVVM

（3）npm 包管理工具集成于（　　）。

A. Vue.js　　B. React　　C. Node.js　　D. yarn

（4）下列选项中，不能成功创建项目的命令是（　　）。

A. `yarn create vite`
B. `npm create vite@latest`
C. `npm create vite@latest hello -- --template vue`
D. `yarn create vite hello -- --template vue`

（5）在 Vue.js 项目中，存放开发人员编写的项目源代码的目录是（　　）。

A. src　　B. public　　C. .vscode　　D. node_modules

（6）Vue.js 项目的程序入口文件是（　　）。

A. index.html　　B. src\main.js　　C. src\App.vue　　D. package.json

2. 判断题

（1）Vue.js 是基于 HTML、CSS 和 JavaScript 构建的，它提供了一套声明式的、组件化的编程模型，允许将一个网页分割成多个可复用的组件。（　　）

（2）ViewModel 的主要功能是实现数据单向绑定。（　　）

（3）Node.js 是一个基于 Chrome V8 引擎的 JavaScript 运行环境。（　　）

（4）Node.js 已经集成了 yarn，只要安装了 Node.js，就可以使用 yarn。（　　）

（5）Vue.js 项目的创建方式有两种，一种是手动创建项目，另一种是通过模板自动创建项目。（　　）

（6）Vue.js 项目的 src\assets 目录存放项目中不可编译的静态资源文件。（　　）

3. 操作题

使用 VS Code 编辑器新建文件“example.html”，并输入代码，实现使用浏览器打开网页文件后，页面显示“Hello World”。

项目评价

请学生结合本项目的学习情况，对学习成果进行自评和互评（组内成员相互评分），请指导教师进行师评和总评，并将评价结果填入表 1-3 中。

表 1-3　学习成果评价表

<table>
<tr><th rowspan="2">评价项目</th><th rowspan="2">评价内容</th><th colspan="4">评价分数</th></tr>
<tr><th>分值</th><th>自评</th><th>互评</th><th>师评</th></tr>
<tr><td rowspan="5">项目完成度（20%）</td><td>项目准备阶段，回答问题清晰准确，紧扣主题，没有明显错误</td><td>5 分</td><td></td><td></td><td></td></tr>
<tr><td>项目实施阶段，根据操作步骤完成本项目</td><td>5 分</td><td></td><td></td><td></td></tr>
<tr><td>项目实训阶段，出色地完成实训内容</td><td>5 分</td><td></td><td></td><td></td></tr>
<tr><td>项目总结阶段，正确地将项目总结的空白信息补充完整</td><td>2 分</td><td></td><td></td><td></td></tr>
<tr><td>项目考核阶段，正确地完成考核题目</td><td>3 分</td><td></td><td></td><td></td></tr>
<tr><td rowspan="4">知识（35%）</td><td>Vue.js 的定义、特性和开发模式</td><td>5 分</td><td></td><td></td><td></td></tr>
<tr><td>Vue.js 的开发环境</td><td>10 分</td><td></td><td></td><td></td></tr>
<tr><td>Vue.js 项目的创建方式和运行方式</td><td>10 分</td><td></td><td></td><td></td></tr>
<tr><td>Vue.js 项目的目录结构和运行过程</td><td>10 分</td><td></td><td></td><td></td></tr>
<tr><td rowspan="2">技能（30%）</td><td>搭建 Vue.js 的开发环境</td><td>15 分</td><td></td><td></td><td></td></tr>
<tr><td>创建并运行 Vue.js 项目</td><td>15 分</td><td></td><td></td><td></td></tr>
<tr><td rowspan="3">素养（15%）</td><td>具有自主学习意识，做好课前准备</td><td>5 分</td><td></td><td></td><td></td></tr>
<tr><td>善于思考，积极参与，勇于提出问题</td><td>5 分</td><td></td><td></td><td></td></tr>
<tr><td>具有团队合作精神，出色完成小组任务</td><td>5 分</td><td></td><td></td><td></td></tr>
<tr><td colspan="2">合计</td><td>100 分</td><td></td><td></td><td></td></tr>
<tr><td rowspan="2">总评</td><td>综合得分：__________</td><td colspan="4" rowspan="2">指导教师签字：__________</td></tr>
<tr><td>综合等级：__________</td></tr>
</table>

注：综合得分可按照“自评（25%）+互评（25%）+师评（50%）”进行计算；综合等级可以“优”（综合得分≥90 分）、“良”（80 分≤综合得分＜90 分）、“中”（60 分≤综合得分＜80 分）、“差”（综合得分＜60 分）为标准进行评价。

项目2 Vue.js 开发基础

项目目标

知识目标

- 掌握 Vue.js 实例的创建方法。
- 掌握如何定义数据和方法。
- 掌握数据绑定的方法。
- 掌握计算属性与侦听器的用法。

技能目标

- 能够创建简单的 Vue.js 实例。
- 能够使用不同的数据绑定方法渲染 HTML 元素。
- 能够使用计算属性和侦听器处理数据。

素养目标

- 养成脚踏实地、夯实基础的学习习惯。
- 树立自信心，能够在面对困难时保持乐观积极的态度，不断追求自我突破。

项目描述

在实际开发中，我们通过创建 Vue.js 实例启动整个应用程序。该实例需要挂载在 HTML 元素上，从而实现页面渲染。Vue.js 实例是 Vue.js 应用程序的基本构建块，也是 Vue.js 开发的基础。

小刘完成订餐系统项目的创建并熟悉项目的基本结构后，决定先制作订餐系统的登录模块和商家简介模块。

项目分析

制作订餐系统的登录模块，需要先在项目中新建一个单文件组件，并构建组件的基本框架；然后在组件中定义登录模块的相关内容，其中通过数据绑定获取登录模块中用户输入的登录信息，使用计算属性设置“登录”按钮的状态；最后查看登录模块的页面效果。

制作订餐系统的商家简介模块，需要先在项目中新建一个单文件组件，并构建组件的基本框架；然后在组件中定义商家简介模块的相关内容，其中通过数据绑定将商家的基本信息显示在页面中，最后查看商家简介模块的页面效果。

为了顺利完成订餐系统登录模块和商家简介模块的制作，本项目将对相关知识进行介绍，主要包括 Vue.js 实例的创建方法，定义数据和方法，数据绑定的方法，计算属性与侦听器的用法。

项目准备

全班学生以 3～5 人为一组进行分组，各组选出组长。组长组织组员扫码观看“Vue.js 的前置知识”视频，讨论并回答下列问题。

问题 1：在学习 Vue.js 之前需要掌握哪些前端技术？

问题 2：在 Vue.js 中，用于定义页面行为和逻辑的前端技术是什么？

Vue.js 的前置知识

2.1 Vue.js 实例

在一个使用 Vue.js 框架的应用程序中，至少要创建一个 Vue.js 实例。本节将介绍 Vue.js 实例的创建方法，定义数据和方法，实例的生命周期。

2.1.1 Vue.js 实例的创建方法

在 Vue.js 中，使用 createApp()函数可以创建实例，实例调用 mount()方法才可以渲染到页面上，语法格式如下。

```
<!--HTML-->
<div id="app"></div>

//JavaScript
const 实例名=Vue.createApp(
  //根组件
  {…}
)
实例名.mount('#app')                //将实例挂载到 id 为 app 的 HTML 元素上
```

使用 createApp()函数创建 Vue.js 实例时，传入的对象实际上是一个根组件，其他组件可以作为其子组件。Vue.js 实例调用 mount()方法时，该方法接收一个容器参数，表示将根组件渲染在该容器中。该参数是实际的 HTML 元素或 CSS 选择器字符串。

如果使用单文件组件作为根组件创建 Vue.js 实例，可以直接导入单文件组件，并将其传入 createApp()函数中，语法格式如下。

```
import {createApp} from 'vue' //导入函数 createApp()
import App from './App.vue'   //导入单文件组件作为根组件
const 实例名=createApp(App)    //创建 Vue.js 实例
```

高手点拨

在 HTML 文件中，引入 Vue.js 框架后，要使用 Vue.js 提供的函数，需要在函数名前加上“Vue.”，如“Vue.createApp()”。在 Vue.js 项目中，可以使用 import 语句导入所需的函数，如“import {createApp} from 'vue'”，然后直接使用函数，如“createApp()”。

2.1.2 数据和方法

Vue.js 中的数据和页面是分离的，在实现数据显示之前，需要先在根组件中通过 setup()函数定义所需的数据与方法，语法格式如下。

```
setup(){
  const 数据名=数据值                              //定义数据
  const 方法名=()=>{…}                             //定义方法
  return {数据名,方法名}
}
```

其中，数据和方法可以在 setup()函数中直接定义，但是 setup()函数需要返回一个对象，该对象中包含定义的数据名和方法名。Vue.js 中还提供了计算属性和侦听器，它们也是在 setup()函数中定义，详细内容将在 2.3 节中讲解。

在 Vue.js 中，定义方法时，可以使用箭头函数定义，如上述语法格式所示；也可以直接使用关键字 function 定义，语法格式如下。

```
function 方法名(){…}
```

示例 2-1 Hello Vue.js

Vue.js 框架的使用方式非常灵活，在 1.4 节中使用 Vite 构建 Vue.js 项目是其中一种使用方式，将 Vue.js 框架引入 HTML 文件中也是其中一种使用方式。

在 HTML 文件中，可以使用浏览器访问网址“https://unpkg.com/vue@3.3.8/dist/vue.global.js”，将网页中的代码保存到合适位置，然后通过相对路径引入 Vue.js 框架；也可以直接使用网址引入 Vue.js 框架，代码如下。

```
<!--保存代码后，通过相对路径引入 Vue.js 框架-->
<script src="vue.global.js"></script>
<!--直接使用网址引入 Vue.js 框架-->
<script src="https://unpkg.com/vue@3.3.8/dist/vue.global.js">
</script>
```

其中，“vue.global.js”表示 vue.global.js 文件保存在 HTML 文件的同级目录中。

将 Vue.js 框架引入 HTML 文件的方式只能使用 Vue.js 的核心功能，所以只适合开发一些简单的页面，常用于学习和测试 Vue.js 的功能。下面带领大家编写第 1 个 Vue.js 应用。（示例位置：example\project2\case2-1.html）

（1）保存 Vue.js。

使用浏览器访问网址“https://unpkg.com/vue@3.3.8/dist/vue.global.js”，在打开的页面中单击鼠标右键，在弹出的快捷菜单中选择“另存为”选项，将其保存到“E:\example\project2”目录中。

（2）搭建网页基本框架。

启动 VS Code 编辑器，新建文件“case2-1.html”，输入“html:5”并按“Enter”键，系统自动生成网页的基本框架，修改<title>标签中的内容以设置网页标题，并在<head>标签中引入 Vue.js 框架，代码如下。

```
<!DOCTYPE html>
<html lang="en">
```

```
    <head>
      <meta charset="UTF-8">
      <meta name="viewport" content="width=device-width,initial-
scale=1.0">
      <title>Hello Vue.js</title>
      <!--引入 Vue.js 框架-->
      <script src="vue.global.js"></script>
    </head>
    <body>
    </body>
  </html>
```

（3）编写网页内容。

在<body>标签中编写网页内容，代码如下。

```
  <div id="hello-vue" style="text-align:center;">
    <!--根组件的模板，使用“Mustache”语法绑定数据 message-->
    <h1>{{message}}</h1>
  </div>
  <script>
    //创建实例 HelloVueApp
    const HelloVueApp=Vue.createApp(
      //根组件
      {
        //根组件的逻辑
        setup(){
          const message='Hello Vue.js'      //定义数据 message
          return {message}
        }
      })
    //将实例挂载到 id 为 hello-vue 的 HTML 元素上
    HelloVueApp.mount('#hello-vue')
  </script>
```

使用浏览器打开网页文件，页面效果如图 2-1 所示。

图 2-1 “case2-1.html”文件的页面效果

高手点拨

组件的模板是组件本身的一部分，用户可以在定义组件时编写模板（具体方法见项目 4），也可以直接在挂载容器内编写模板（如上述代码所示）。

在本项目中，读者只需要简单了解代码中哪部分内容是组件的模板，哪部分内容是组件的逻辑即可。组件的详细内容将在项目 4 中讲解。

2.2 数据绑定

Vue.js 提供了一种基于 HTML 的模板语法，允许开发人员声明式地将组件中的数据绑定到呈现的 HTML 元素上。本节将介绍常用的数据绑定方式，包括文本插值、HTML 绑定、属性绑定、JavaScript 表达式和响应式数据绑定。

2.2.1 文本插值

文本插值是最基本的数据绑定方式，它使用的是“Mustache”语法（即双大括号），语法格式如下。

```
<标签名>{{数据名}}</标签名>
```

当页面渲染时，模板中的“{{数据名}}”会被替换为组件中的数据值。例如，示例 2-1 中，“{{message}}”会被替换为数据“message”的值“Hello Vue.js”。

除了使用双大括号外，还可以使用 Vue.js 提供的 v-text 指令进行文本数据绑定。

2.2.2 HTML 绑定

使用双大括号会将含有 HTML 元素的数据解释为纯文本，而不是 HTML 元素。在使用 Vue.js 进行内容渲染时，如果内容中含有 HTML 元素且希望元素被浏览器解析，可以使用 v-html 指令进行数据绑定，语法格式如下。

```
<标签名 v-html="数据名">...</标签名>
```

2.2.3 属性绑定

使用双大括号可以实现 HTML 元素的文本插值，但是有时我们希望将数据绑定到 HTML 元素的属性上，双大括号不能解决这个问题，此时可以使用 Vue.js 提供的 v-bind 指令进行绑定，语法格式如下。

```
<标签名 v-bind:属性名="数据名">...</标签名>
```

在 Vue.js 中，使用 v-bind 指令进行数据绑定时可以省略 v-bind，因此上述语法格式的简写形式如下。

```
<标签名 :属性名="数据名">...</标签名>
```

2.2.4 JavaScript 表达式

在 Vue.js 中，所有的数据绑定都支持完整的 JavaScript 表达式。JavaScript 表达式的应用示例如下。

```
{{a+b}}
{{ok?'YES':'NO'}}
{{message.split('').reverse().join('')}}
<div v-bind:id="'list-'+id"></div>
```

这些表达式都会在当前所属的组件的数据作用域下被解析。

提 示

每个数据绑定都只能包含单个表达式，所以下面的示例都不会生效。

```
{{var a=1}}                    //这是语句，不是表达式
{{if(ok){return message}}}//if 语句不会生效，可以使用三元表达式代替
```

示例 2-2 不同数据绑定方式的应用

使用不同的方式绑定数据。（示例位置：example\project2\case2-2.html）

新建文件“case2-2.html”，并构建网页基本框架，然后在<body>标签中输入如下代码。

```
<div id="data-bind" style="text-align:center;">
  <!--使用 v-text 指令绑定文本，并使用表达式拼接文本-->
  <h1 v-text="message1+message2"></h1>
  <!--使用 v-html 指令绑定 HTML-->
  <h1 v-html="html"></h1>
  <!--使用 v-bind 指令将数据绑定到 class 属性上，并使用表达式拼接类名-->
  <h1 v-bind:class="'bind-'+color">{{message}}</h1>
  <!--使用双大括号语法并结合三元表达式绑定数据-->
  <h1>{{ok?'简单':'难'}}</h1>
</div>
<script>
  const App=Vue.createApp({
    setup(){
      const message1='Vue.js'
      const message2='开发基础'
      const html='<span style="font-style:italic">Vue.js 开发基
础</span>'
      const color='color'
```

```
      const message='Vue.js 开发基础'
      const ok=true
      return {message1,message2,html,color,message,ok}
    }
  })
  App.mount('#data-bind')
</script>
<style>
  .bind-color{
    background-color:pink;
  }
</style>
```

使用浏览器打开网页文件，页面效果如图 2-2 所示。

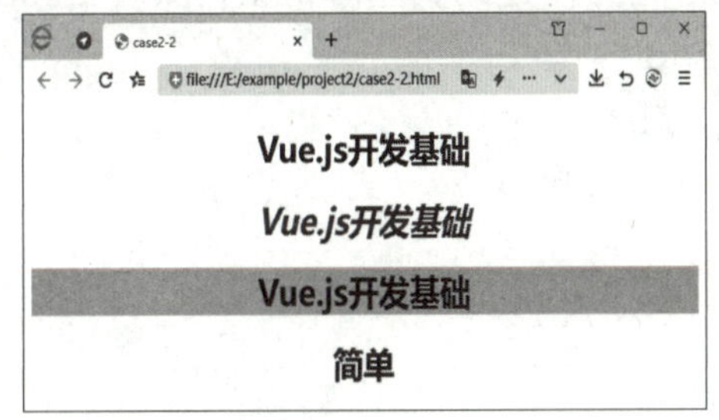

图 2-2 “case2-2.html”文件的页面效果

2.2.5 响应式数据绑定

如果要实现页面中数据的更新，则需要将数据定义为响应式数据。Vue.js 提供了 ref()函数和 reactive()函数定义响应式数据。

1. ref()函数

ref()函数用于声明数据的响应式状态，其参数为数据，返回值为一个带有 value 属性的 ref 对象。使用 ref()函数定义响应式数据的语法格式如下。

```
const 响应式数据名=Vue.ref(数据值)
```

其中，参数数据值可以是任何类型。

在 setup()函数中，更改 ref()函数定义的响应式数据的值时，可以使用如下语法格式。

```
响应式数据名.value=新值
```

在 HTML 元素中访问使用 ref()函数定义的响应式数据不需要附加“.value”，示例代码如下。

```
<!--message 为定义的响应式数据-->
<h1>{{message}}</h1>
```

2. reactive()函数

reactive()函数用于声明对象类型（如对象、数组、集合等）数据的响应式状态。使用reactive()函数定义响应式数据的语法格式如下。

```
const 响应式数据名=Vue.reactive(数据值)
```

在 setup()函数中，更改 reactive()函数定义的响应式数据的值时不需要附加“.value”，直接更改即可，语法格式如下。

```
响应式数据名=新值
```

示例 2-3　定义响应式数据

使用 ref()函数和 reactive()函数定义响应式数据。（示例位置：example\project2\case2-3.html）

新建文件“case2-3.html”，并构建网页基本框架，然后在<body>标签中输入如下代码。

```
<div id="data-bind">
  <h1>{{title1}}</h1>
  <h2>{{title2[0]}}</h2>
  <h2>{{title2[1]}}</h2>
  <h2>{{title2[2]}}</h2>
  <h2>{{title2[3]}}</h2>
  <h2>{{title2[4]}}</h2>
  <p>{{title3[0].method}}: {{title3[0].msg}}</p>
  <p>{{title3[1].method}}: {{title3[1].msg}}</p>
</div>
<script>
  const App=Vue.createApp({
    setup(){
      //使用 ref()函数定义响应式字符串
      const title1=Vue.ref('2.2 数据绑定')
      //使用 ref()函数定义响应式数组
      const title2=Vue.ref(['2.2.1 文本插值','2.2.2 HTML 绑定
','2.2.3 属性绑定','2.2.4 JavaScript 表达式','2.2.5 '])
      //使用 reactive()函数定义响应式对象数组
      const title3=Vue.reactive([{method:'（1）ref()',msg:''},
{method:'（2）reactive()',msg:''}])
      //定义定时器，3 秒后更新数据
      setTimeout(()=>{
        title2.value[4]='2.2.5 响应式数据绑定'
```

```
            title3[0].msg='任意类型。'
            title3[1].msg='对象类型。'
          },3000)
          return {title1,title2,title3}
        }
      })
      App.mount('#data-bind')
    </script>
```

使用浏览器打开网页文件，初始页面效果如图 2-3 所示。等待 3 秒后的页面效果如图 2-4 所示。

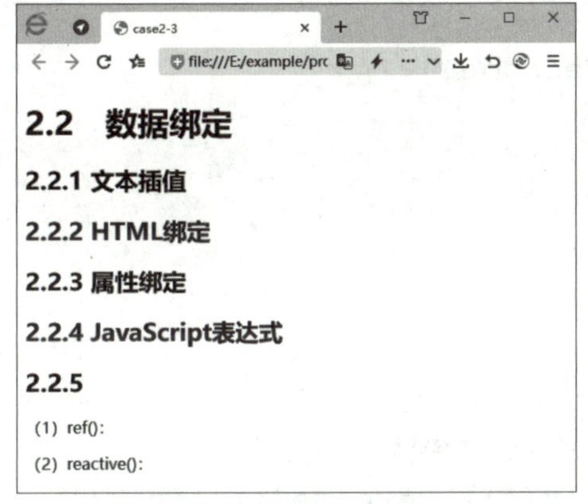

图 2-3 响应式数据绑定初始页面效果

图 2-4 等待 3 秒后的页面效果

2.3 计算属性与侦听器

大多数情况下，组件中定义的数据可以直接渲染到 HTML 元素上，但是有些场景中，数据不适合直接渲染，需要处理后再进行渲染。在 Vue.js 中，常使用计算属性和侦听器实现这种逻辑，本节将介绍它们的用法。

2.3.1 计算属性

JavaScript 表达式使用方便，但只能用于简单的操作。如果在模板中写太多逻辑，会让模板变得臃肿，难以维护。因此，推荐使用 Vue.js 提供的计算属性描述依赖响应式数据的复杂逻辑。

计算属性可以实时监听数据的变化，并缓存返回的计算结果。只有计算属性中依赖的数据源发生变化了，计算属性才会重新求值，并缓存新的计算结果。计算属性通过 computed()函数定义，语法格式如下。

```
const 计算属性名=Vue.computed(()=>{
  …
  return 计算后的数据                    //计算属性的值
})
```

示例 2-4　反转字符串

使用计算属性实现反转字符串功能。（示例位置：example\project2\case2-4.html）

新建文件“case2-4.html”，并构建网页基本框架，然后在<body>标签中输入如下代码。

```
<div id="app" style="text-align:center;">
  <p>初始字符串：{{message}}</p>
  <p>反转之后的字符串：{{reversedMessage}}</p>
</div>
<script>
  const App=Vue.createApp({
    setup(){
      const message=Vue.ref('Hello Vue.js')
      //定义计算属性，实现字符串反转
      const reversedMessage=Vue.computed(()=>{
        return message.value.split('').reverse().join('')
      })
      return {message,reversedMessage}
      }
    })
  App.mount('#app')
</script>
```

使用浏览器打开网页文件，页面效果如图 2-5 所示。

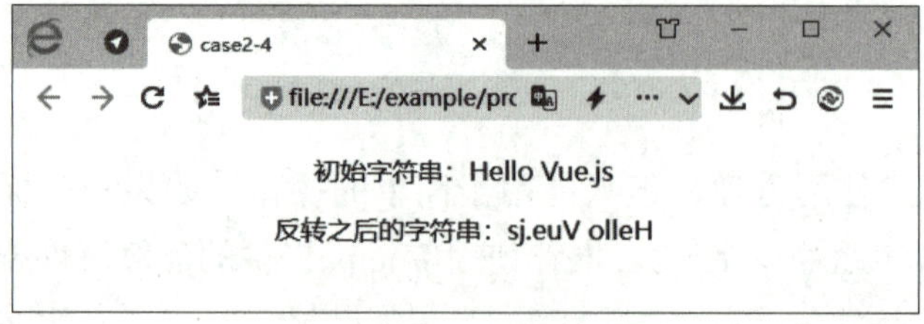

图 2-5　反转字符串的页面效果

知识库

Vue.js 的计算属性会追踪响应式依赖。当计算属性中计算的数据改变时，计算属性的值也会随之更新，并且会自动同步更新 HTML 部分。例如，在示例 2-4 的 setup()函数中添加一个计时器，使之 3 秒后更改 message 的值，代码如下。（示例位置：example\project\case2-4-update.html）

```
setTimeout(()=>{
  message.value="sj.euV olleH"
},3000)
```

使用浏览器打开网页文件，等待 3 秒后可以看到初始字符串与反转之后的字符串的值都改变了，如图 2-6 所示。

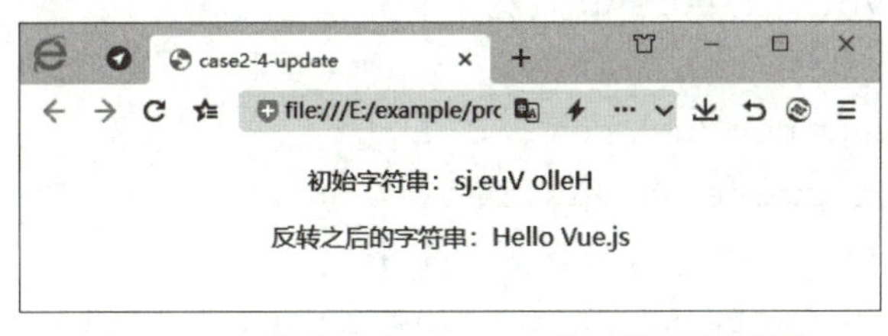

图 2-6　3 秒后更改 message 值后的页面效果

2.3.2　侦听器

计算属性允许我们声明性地计算衍生值，但是在有些情况下，我们需要在状态变化时执行一些动作。例如，更改 DOM，或者根据异步操作的结果去修改另一处的状态。Vue.js 提供的侦听器可以实现这个功能。

侦听器通过 watch()函数定义，语法格式如下。

```
Vue.watch(侦听器的数据源,回调函数,可选参数)
```

第 1 个参数是侦听器的数据源，它可以是一个响应式数据、一个响应式对象、一个有返回值的函数或由多个数据源组成的数组。

第 2 个参数是数据源发生变化时要调用的回调函数，这个回调函数的第 1 个参数表示新值，即数据发生变化后的值，第 2 个参数表示旧值，即数据发生变化前的值。

第 3 个参数是可选参数，它是一个对象，该对象有两个常用选项 immediate 和 deep。immediate 选项的默认值为 false，表示侦听器在初次加载时不会调用侦听器的回调函数，如果要使侦听器在初次加载时就调用回调函数，只需将该选项的值设置为 true；deep 选项的默认值也为 false，当监听的数据源为一个对象时，如果对象中的属性值发生了变化，则无法被监听到，若要监听对象中属性值的变化，只需将该选项的值设置为 true。

示例 2-5　单位换算

使用侦听器实现单位换算功能。（示例位置：example\project2\case2-5.html）

新建文件“case2-5.html”，并构建网页基本架构，然后在<body>标签中输入如下代码。

```
<div id="app" style="text-align:center;">
  <!--使用 v-model 指令绑定单行文本框数据-->
  <input type="text" v-model="meters" />米=
  <input type="text" v-model="kilometers" />千米
</div>
<script>
  const App=Vue.createApp({
    setup(){
      const meters=Vue.ref('0')
      const kilometers=Vue.ref('0')
      //定义侦听器，用于将米换算为千米
      Vue.watch(meters,async(newValue,oldValue)=>{
        meters.value=newValue
        kilometers.value=newValue/1000
      })
      //定义侦听器，用于将千米换算为米
      Vue.watch(kilometers,async(newValue,oldValue)=>{
        kilometers.value=newValue
        meters.value=newValue*1000
      })
      return {meters,kilometers}
    }
  })
  App.mount('#app')
</script>
```

使用浏览器打开网页文件，初始页面效果如图 2-7 所示。在第 1 个单行文本框中输入 1 000 后，页面效果如图 2-8 所示。在第 2 个单行文本框中输入 100 后，页面效果如图 2-9 所示。

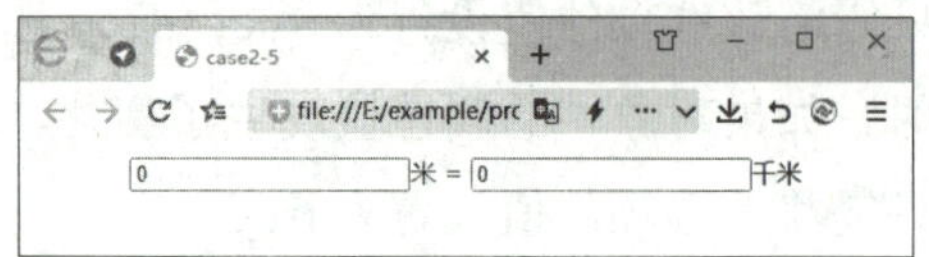

图 2-7　单位换算初始页面效果

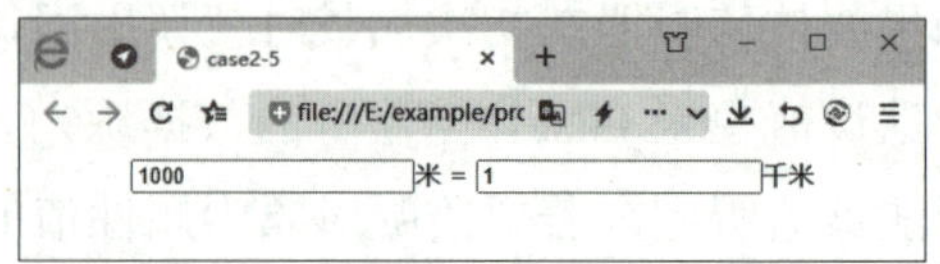

图 2-8　在第 1 个单行文本框中输入 1 000 后的页面效果

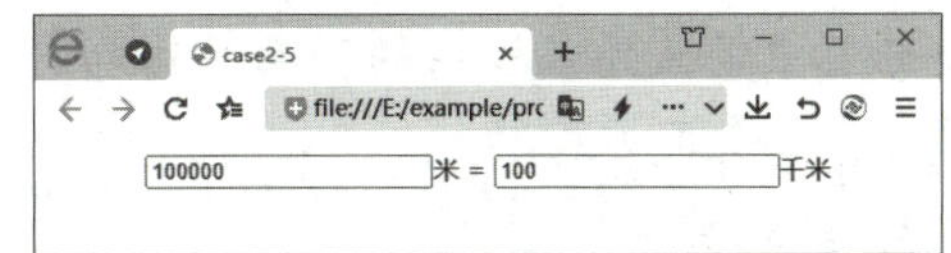

图 2-9　在第 2 个单行文本框中输入 100 后的页面效果

提 示

v-model 指令主要用于为表单元素绑定数据，详细内容会在项目 3 中讲解。

项目实施 1 ——制作订餐系统登录模块

制作订餐系统登录模块

订餐系统项目主要包括登录模块、商家简介模块、商品订购模块（包含购物车模块和商品列表模块）、商品评价模块和商家详情模块。其中，登录模块的页面效果如图 2-10 所示。制作步骤如下。

图 2-10　登录模块的页面效果

步骤 1　使用 VS Code 编辑器打开本书配套素材“example\project2”中的 order-system 项目。

步骤 2　在项目的“src\components”目录下新建单文件组件“Login.vue”，并构建组件的基本框架，代码如下。

```
<template>
</template>
<script setup>
</script>
<style>
</style>
```

步骤 3　在<template>标签中定义登录模块的页面结构和内容，代码如下。

```
<div class="login-page">
  <h1>登 录 订 餐 系 统</h1>
  <div class="group">
    <label for="username">账号:</label>
    <!--使用 v-model 指令绑定数据 username-->
    <input type="text" id="username" v-model="username" />
  </div>
  <div class="group">
    <label for="password">密码:</label>
    <input type="password" id="password" v-model="password" />
  </div>
  <!--使用 v-bind 指令为 disabled 属性绑定属性值 diabled-->
  <button type="submit" class="button-1" v-bind:disabled="disabled
">登 录</button>
  <button type="submit" class="button-2">取 消</button>
</div>
```

步骤 4　在<script>标签中定义登录模块的行为和逻辑，代码如下。

```
import {ref,computed} from 'vue'
const username=ref('')      //使用 ref()函数定义响应式数据 username
const password=ref('')      //使用 ref()函数定义响应式数据 password
//定义计算属性，通过判断 username 或 password 的长度是否为 0，决定是否禁
用“登录”按钮
const disabled=computed(()=>{
  return username.value.length==0 || password.value.length==0
})
```

步骤 5　在项目的“src\assets”目录下新建“CSS”文件夹，然后将本书配套素材“example\project2\CSS”中的“login.css”文件复制到新建的文件夹中，最后将单文件组件“Login.vue”中的<style>标签修改为如下代码，为登录模块链接 CSS 样式。

```
<style src="../assets/CSS/login.css" scoped></style>
```

步骤 6　在项目的“src”目录下打开“main.js”文件，将其内容修改为如下代码，切换页面中显示的组件。

```
import {createApp} from 'vue'
import App from './components/Login.vue'
createApp(App).mount('#app')
```

步骤 7　在项目中打开“index.html”文件，将<head>标签中的内容修改为如下代码，设置项目标题。

```
    <meta charset="UTF-8" />
    <meta name="viewport" content="width=device-width,initial-scale
=1.0" />
    <title>订餐系统</title>
```

步骤 8 保存文件，并在命令提示符窗口中运行项目，如图 2-11 所示。

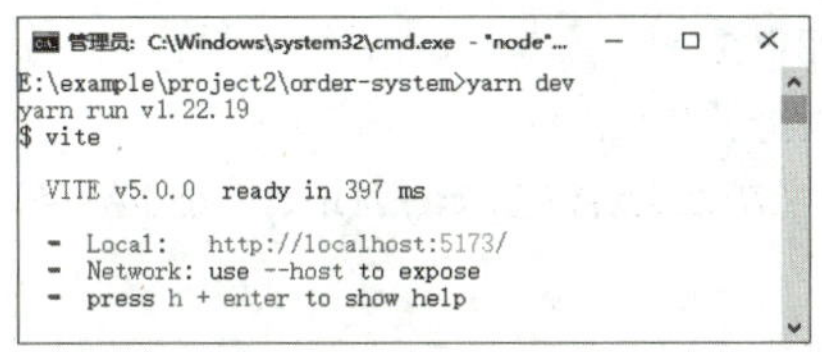

图 2-11 运行 order-system 项目

步骤 9 启动浏览器，访问“http://localhost:5173/”，登录模块的页面效果如图 2-10 所示。

步骤 10 切换至命令提示符窗口，按“Ctrl+C”组合键，停止运行项目。

项目实施 2 ——制作订餐系统商家简介模块

订餐系统商家简介模块的页面效果如图 2-12 所示。制作步骤如下。

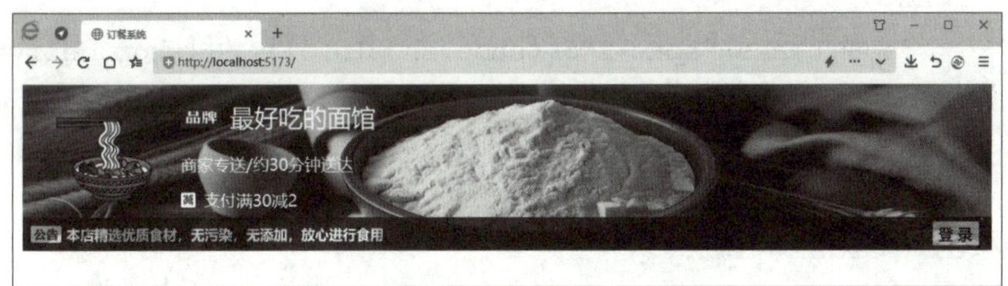

图 2-12 商家简介模块的页面效果

步骤 1 切换至 VS Code 编辑器，将本书配套素材“example\project2\img”中的“top_bg.jpg”“brand.png”“bulletin.png”“decrease.png”和“logo.png”图片复制到项目的“src\assets”目录下。

制作订餐系统商家简介模块

步骤 2 在项目的“src\components”目录下新建单文件组件“Header.vue”，并构建组件的基本框架，代码如下。

```
    <template>
    </template>
    <script setup>
    </script>
```

```
<style>
</style>
```

步骤 3　在<template>标签中定义商家简介模块的页面结构和内容，代码如下。

```
<div class="header">
  <div class="div-1">
    <!--显示商家 logo-->
    <div class="box-1">
      <img src="../assets/logo.png" class="img-logo" />
    </div>
    <!--商家基本信息-->
    <div class="div-right">
      <div class="box">
        <h1>
          <img src="../assets/brand.png" class="img-title" />
          <!--使用双大括号绑定商家名称-->
          <span class="span-1">{{shop.shopName}}</span>
        </h1>
      </div>
      <div class="box">
        <h2>
          <span class="span-2">{{shop.shopInfo}}/约{{shop.deliveryTime}}
分钟送达</span>
        </h2>
      </div>
      <div class="box">
        <h2>
          <img src="../assets/decrease.png" class="small-img" />
          <span class="span-3">支付满 30 减 2</span>
        </h2>
      </div>
    </div>
  </div>
  <!--显示商家公告和“登录”按钮-->
  <div class="div-3">
    <img src="../assets/bulletin.png" class="img-h4" />
    <h4 class="div-3-h">
```

```
    <span class="span-4">{{shop.bulletin}}</span>
   </h4>
   <button class="btn">登 录</button>
  </div>
</div>
```

步骤 4 在<script>标签中定义商家简介模块的行为和逻辑，代码如下。

```
import {ref} from 'vue'          //导入 ref()函数
//使用 ref()函数定义响应式对象 shop，在其中定义商家的基本信息
const shop=ref({
  shopName:"最好吃的面馆",          //商家名称
  shopInfo:"商家专送",              //商家配送方式
  deliveryTime:30,                 //商家配送时间
  //商家公告
  bulletin:"本店精选优质食材，无污染，无添加，放心进行食用"
})
```

步骤 5 将本书配套素材“example\project2\CSS”中的“header.css”文件复制到项目的“src\assets\CSS”目录下，然后将单文件组件“Header.vue”中的<style>标签修改为如下代码，为商家简介模块链接 CSS 样式。

```
<style src="../assets/CSS/header.css" scoped></style>
```

步骤 6 在项目的“src”目录下打开“main.js”文件，将其内容修改为如下代码，切换页面中显示的组件。

```
import {createApp} from 'vue'
import App from './components/Header.vue'
createApp(App).mount('#app')
```

步骤 7 保存文件，并在命令提示符窗口中运行项目。

步骤 8 启动浏览器，访问“http://localhost:5173/”，商家简介模块的页面效果如图 2-12 所示。

步骤 9 切换至命令提示符窗口，按“Ctrl+C”组合键，停止运行项目。

项目实训

1. 实训目的

（1）掌握 Vue.js 实例的创建方法。

（2）掌握数据绑定的方法。

（3）掌握计算属性与侦听器的用法。

2．实训内容

制作编程学习项目的登录模块，页面效果如图 2-13 所示。

图 2-13　编程学习网站登录模块的页面效果

（1）使用 VS Code 编辑器打开本书配套素材“example\project2”中的 study 项目。

（2）打开项目的“src\components”目录下的单文件组件“Login.vue”。

（3）在<template>标签中，为 id 为“name”的<input>标签添加 v-model 指令绑定数据 name；为 id 为“psd”的<input>标签添加 v-model 指令绑定数据 password；为<button>标签添加 v-bind 指令绑定数据 disabled 到属性 disabled 上。

（4）在<script>标签中编写登录模块的行为和逻辑。使用 import 语句导入函数 ref()和 watch()；使用 ref()函数定义响应式数据 name、password 和 disabled，其中 disabled 的默认值为 true；使用 watch()函数定义侦听器，若 name 和 password 的长度都大于 0，则更改 disabled 的值为 false，否则，更改 disabled 的值为 true。

（5）首先在项目的“src\assets”目录下新建“CSS”文件夹，然后将本书配套素材“example\project2\CSS”中的“study_login.css”文件复制到新建的文件夹中，最后修改单文件组件“Login.vue”中的<style>标签，为登录模块链接 CSS 样式。

（6）修改项目的“src”目录下的“main.js”文件，切换页面中显示的组件。

（7）修改项目的“index.html”文件，设置项目的标题为“编程学习网站”。

（8）保存文件并运行项目，查看登录模块的页面效果。

3．实训小结

按要求完成实训内容，并将实训过程中遇到的问题和解决办法记录在表 2-1 中。

表 2-1 实训过程中遇到的问题和解决办法

序号	主要问题	解决办法
1		
2		
3		
4		
5		

项目总结

完成本项目的学习与实践后，请总结应掌握的重点内容，并将图 2-14 的空白处填写完整。

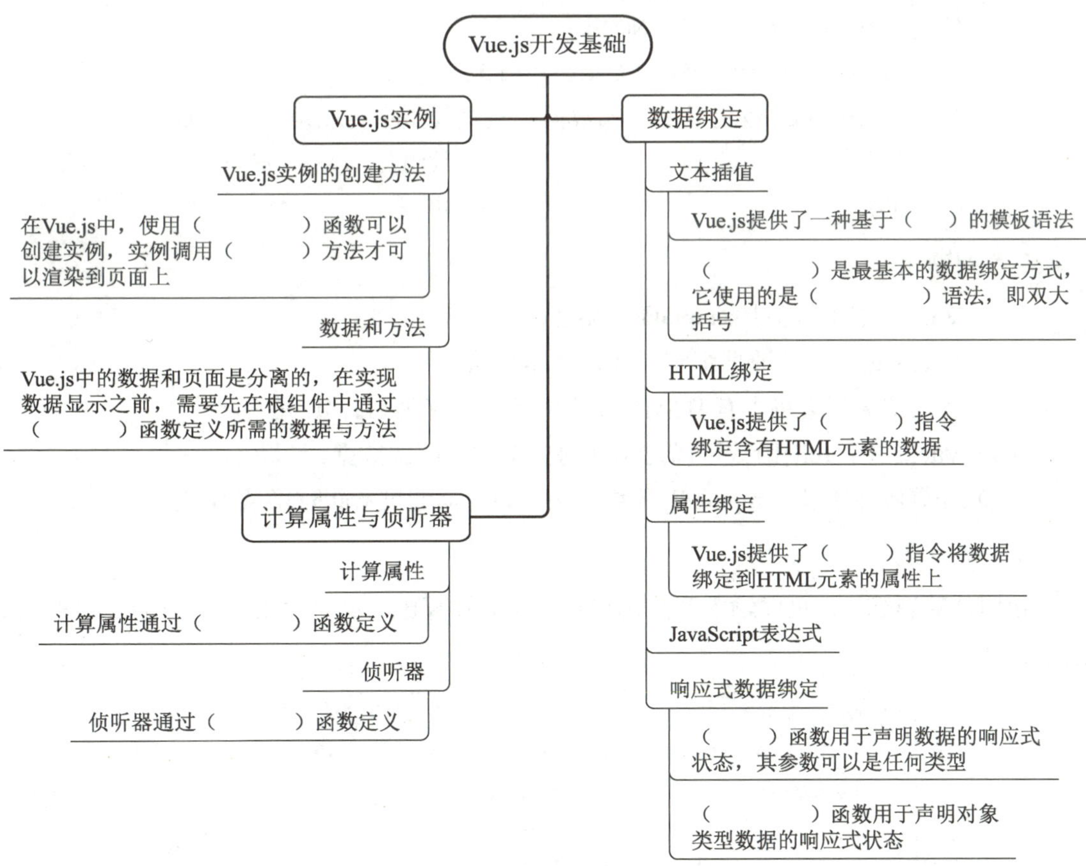

图 2-14 项目总结

项目考核

1．选择题

（1）在 Vue.js 中，组件所需的数据和方法写在（　　）函数中。

A．setup()　　B．createApp()

C．mount()　　D．data()

（2）下列选项中，用于为 HTML 元素的属性绑定数据的指令是（　　）。

A．v-text　　B．v-html

C．v-bind　　D．v-model

（3）在进行数据绑定时，不能被解析的 JavaScript 表达式是（　　）。

A．`{{a+b}}`

B．`{{var a=1}}`

C．`{{ok ? 'YES' : 'NO'}}`

D．`<div v-bind:id="'list-'+id"></div>`

（4）使用 reactive()函数定义响应式数据，数据类型不可以是（　　）。

A．字符串　　B．数组

C．对象　　D．集合

2．判断题

（1）Vue.js 实例是通过 setup()函数创建的。（　　）

（2）Vue.js 最基本的数据绑定方式是文本插值。（　　）

（3）使用双大括会将含有 HTML 元素的数据解释为 HTML 元素。（　　）

（4）Vue.js 中，ref()函数可以定义任何类型的响应式数据。（　　）

（5）计算属性通过 computed()函数定义，侦听器通过 watch()函数定义。（　　）

3．操作题

使用计算属性，在页面输入商品价格后，自动计算出商品总价格，页面效果如图 2-15 所示。

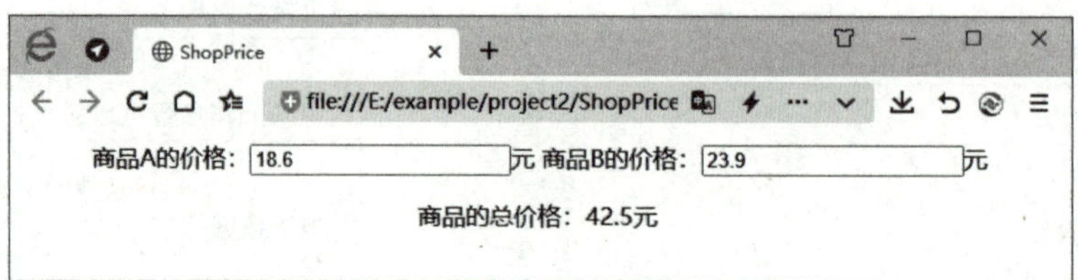

图 2-15　计算商品总价格的页面效果

项目评价

请学生结合本项目的学习情况，对学习成果进行自评和互评（组内成员相互评分），请指导教师进行师评和总评，并将评价结果填入表 2-2 中。

表 2-2 学习成果评价表

<table>
<tr><th rowspan="2">评价项目</th><th rowspan="2">评价内容</th><th colspan="4">评价分数</th></tr>
<tr><th>分值</th><th>自评</th><th>互评</th><th>师评</th></tr>
<tr><td rowspan="5">项目完成度（20%）</td><td>项目准备阶段，回答问题清晰准确，紧扣主题，没有明显错误</td><td>5 分</td><td></td><td></td><td></td></tr>
<tr><td>项目实施阶段，根据操作步骤完成本项目</td><td>5 分</td><td></td><td></td><td></td></tr>
<tr><td>项目实训阶段，出色地完成实训内容</td><td>5 分</td><td></td><td></td><td></td></tr>
<tr><td>项目总结阶段，正确地将项目总结的空白信息补充完整</td><td>2 分</td><td></td><td></td><td></td></tr>
<tr><td>项目考核阶段，正确地完成考核题目</td><td>3 分</td><td></td><td></td><td></td></tr>
<tr><td rowspan="4">知识（30%）</td><td>Vue.js 实例的创建方法</td><td>5 分</td><td></td><td></td><td></td></tr>
<tr><td>如何定义数据和方法</td><td>5 分</td><td></td><td></td><td></td></tr>
<tr><td>数据绑定的方法</td><td>10 分</td><td></td><td></td><td></td></tr>
<tr><td>计算属性与侦听器的用法</td><td>10 分</td><td></td><td></td><td></td></tr>
<tr><td rowspan="3">技能（35%）</td><td>创建简单的 Vue.js 实例</td><td>10 分</td><td></td><td></td><td></td></tr>
<tr><td>使用不同的数据绑定方法渲染 HTML 元素</td><td>10 分</td><td></td><td></td><td></td></tr>
<tr><td>使用计算属性和侦听器处理数据</td><td>15 分</td><td></td><td></td><td></td></tr>
<tr><td rowspan="3">素养（15%）</td><td>具有自主学习意识，做好课前准备</td><td>5 分</td><td></td><td></td><td></td></tr>
<tr><td>善于思考，积极参与，勇于提出问题</td><td>5 分</td><td></td><td></td><td></td></tr>
<tr><td>具有团队合作精神，出色完成小组任务</td><td>5 分</td><td></td><td></td><td></td></tr>
<tr><td colspan="2">合计</td><td>100 分</td><td></td><td></td><td></td></tr>
<tr><td rowspan="2">总评</td><td>综合得分：__________</td><td colspan="4" rowspan="2">指导教师签字：__________</td></tr>
<tr><td>综合等级：__________</td></tr>
</table>

注：综合得分可按照“自评（25%）+互评（25%）+师评（50%）”进行计算；综合等级可以“优”（综合得分≥90 分）、“良”（80 分≤综合得分<90 分）、“中”（60 分≤综合得分<80 分）、“差”（综合得分<60 分）为标准进行评价。

项目3

Vue.js 指令

项目目标

知识目标

- 熟悉指令的概念。
- 掌握常用内置指令的使用方法。
- 掌握自定义指令的使用方法。

技能目标

- 能够使用条件渲染指令有条件地渲染元素。
- 能够使用循环渲染指令循环渲染列表。
- 能够使用属性绑定指令动态更改元素的样式。
- 能够使用事件处理指令实现用户与页面之间的交互。
- 能够使用表单输入绑定指令在表单元素上建立双向数据绑定。
- 能够定义并使用自定义指令。

素养目标

- 多读书，读好书，不断提升自己的综合素质。
- 积极应对变化和挑战，抓住机遇，成就更好的自己。

项目描述

指令是 Vue.js 的核心特性之一。使用指令，开发人员可以通过简单的 HTML 属性和 JavaScript 表达式实现复杂的 DOM 操作和数据绑定，减少 JavaScript 的代码量，提高开发效率和代码的可读性。

综合考虑订餐系统各模块的结构，小刘决定使用不同的指令制作订餐系统的商品评价模块。

项目分析

制作订餐系统的商品评价模块，需要先在项目中新建一个单文件组件，并构建组件的基本框架；然后在组件中定义商品评价模块的相关内容，其中使用循环渲染指令显示商品评价信息，使用事件处理指令和条件渲染指令筛选商品评价信息，使用属性绑定指令设置不同状态下商品评价类型的样式；最后查看商品评价模块的页面效果。

为了顺利完成订餐系统商品评价模块的制作，本项目将对相关知识进行介绍，主要包括认识指令、条件渲染指令、循环渲染指令、属性绑定指令、事件处理指令、表单输入绑定指令和自定义指令。

项目准备

全班学生以 3～5 人为一组进行分组，各组选出组长。组长组织组员扫码观看“Vue.js 指令概述”视频，讨论并回答下列问题。

问题 1：Vue.js 指令是什么？

问题 2：Vue.js 指令有哪些优点？

Vue.js 指令概述

3.1 认识指令

指令是带有“v-”前缀的特殊 HTML 属性，其值限定为单个表达式。指令包括内置指令和自定义指令。常用的内置指令如下。

（1）内容渲染指令：将 JavaScript 中定义的数据渲染到页面上。内容渲染指令包括 v-text 和 v-html，它们的使用方法相对简单，在 2.2 节中已讲解，本项目不再赘述。

（2）条件渲染指令：根据条件表达式的返回值有条件地渲染元素。

（3）循环渲染指令：根据给定的数据循环渲染列表。

（4）属性绑定指令：为 HTML 元素的属性绑定数据，从而响应式更新 HTML 元素属性的值。

（5）事件处理指令：监听 HTML 元素的事件并绑定事件处理器，在事件触发时，执行事件处理器对应的 JavaScript 代码，实现用户与页面之间的交互。

（6）表单输入绑定指令：在表单元素上建立双向数据绑定，实现表单元素与变量的数据同步。

3.2 条件渲染指令

Vue.js 提供的条件渲染指令包括 v-if、v-else-if、v-else 和 v-show。使用 v-if、v-else-if 和 v-else 指令可以根据不同的条件表达式渲染不同的 HTML 元素；使用 v-show 指令可以根据条件表达式的返回值显示或隐藏 HTML 元素。

（1）v-if、v-else-if 和 v-else。

在 Vue.js 中，可以单独使用 v-if 指令有条件地渲染 HTML 元素，语法格式如下。

```
<标签名 v-if="条件表达式">…</标签名>
```

其中，条件表达式的返回值为 true 或 false。只有当返回值为 true 时，才会渲染元素；否则不会渲染元素或移除已渲染的元素。

与 JavaScript 的条件语句 if、else if、else 类似，v-if 指令也可以与 v-else-if 和 v-else 指令结合使用，语法格式如下。

```
<标签名 v-if="条件表达式 A">…</标签名>
<标签名 v-else-if="条件表达式 B">…</标签名>
<标签名 v-else>…</标签名>
```

v-else 指令依附的元素必须紧跟在 v-if 指令或 v-else-if 指令依附的元素后面，v-else-if 指令依附的元素必须紧跟在 v-if 指令依附的元素后面，否则 v-else 指令或 v-else-if 指令不会被识别，其依附的元素会直接被渲染。

知识库

v-if 指令必须依附于某个元素，如果要使用 v-if 指令同时控制多个元素，可通过在<template>标签上使用 v-if 指令实现，语法格式如下。

```
<template v-if="条件表达式">
  <标签名>…</标签名>
  …
</template>
```

v-else-if 指令和 v-else 指令也可以用在<template>标签上。

（2）v-show。

v-show 指令的用法与 v-if 指令的用法基本一样，语法格式如下。

```
<标签名 v-show="条件表达式">…</标签名>
```

不同之处在于，v-show 指令是通过为元素添加或移除“display:none”样式来控制元素的隐藏与显示的，且无论条件表达式返回什么值，渲染过程中，都会保留元素。

示例 3-1　条件渲染指令的应用

使用不同的条件渲染指令渲染元素。（示例位置：example\project3\case3-1.html）

新建文件“case3-1.html”，并构建网页基本框架，然后在<body>标签中输入如下代码。

```
<div id="app" style="text-align:center;">
  <!--当 grade 的值大于等于 90 时，渲染该元素-->
  <h1 v-if="grade>=90">小明的成绩：优秀</h1>
  <!--当 grade 的值在 80 和 90 之间时，渲染该元素-->
  <h1 v-else-if="grade >= 80 && grade < 90">小明的成绩：良好</h1>
  <!--当 grade 的值小于 80 时，渲染该元素-->
  <h1 v-else>小明的成绩：中</h1>
  <!--当 grade 的值大于等于 90 时，渲染该元素-->
  <h1 v-show="grade>=90">非常棒!!! </h1>
</div>
<script>
  const App=Vue.createApp({
    setup(){
      const grade=Vue.ref(70)
      setTimeout(()=>{grade.value=92},5000);
      setTimeout(()=>{grade.value=83},10000)
      return {grade}
    }
```

```
  })
  App.mount('#app')
</script>
```

使用浏览器打开网页文件，按“Ctrl+Shift+I”组合键打开“开发人员工具”窗格并切换到“元素”选项卡，页面效果如图 3-1 所示。5 秒后的页面效果如图 3-2 所示。10 秒后的页面效果如图 3-3 所示。

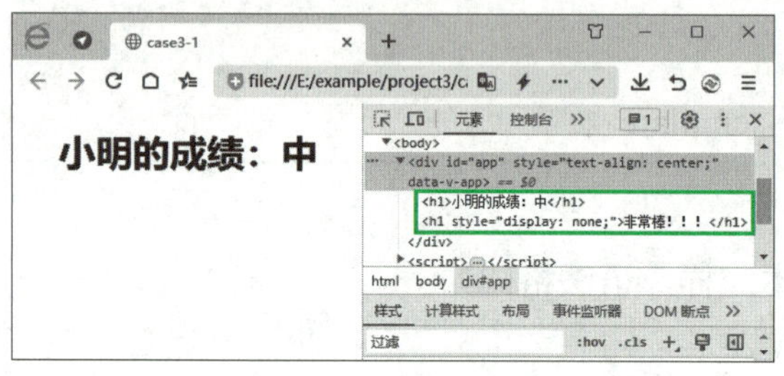

图 3-1　页面初始效果

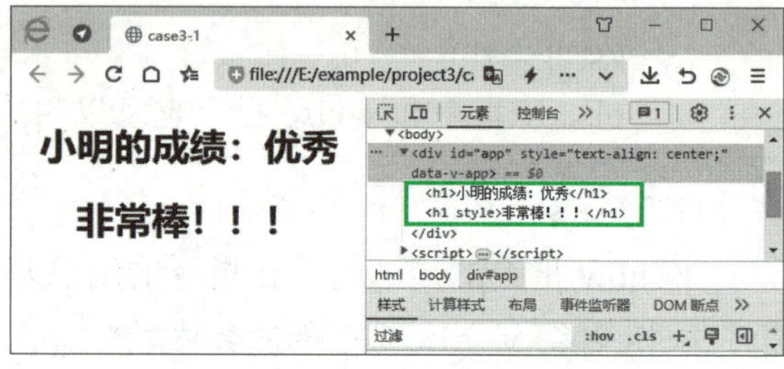

图 3-2　5 秒后的页面效果

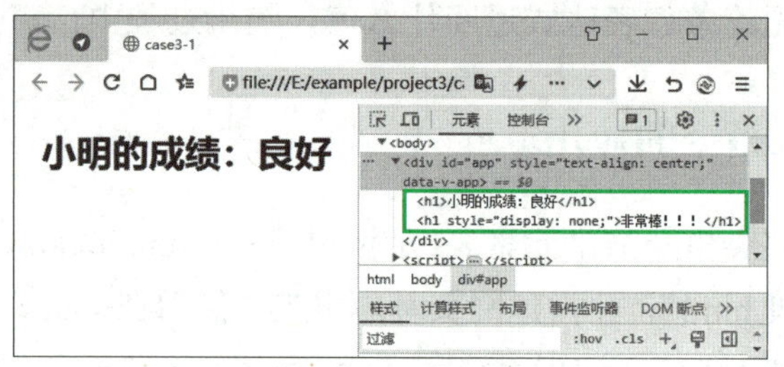

图 3-3　10 秒后的页面效果

分析图 3-1 至图 3-3 可得，v-if 指令、v-else-if 指令和 v-else 指令可以根据条件表达式的返回值渲染或移除元素；v-show 指令可以根据条件表达式的返回值为元素添加或移除“display:none”样式，实现元素的隐藏或显示。

3.3 循环渲染指令

Vue.js 提供的循环渲染指令为 v-for，使用该指令可以根据对象、整数值、字符串或数组循环渲染列表。

（1）使用 v-for 指令根据对象循环渲染列表，语法格式如下。

```
<标签名 v-for="(item,name,index) in items">…</标签名>
```

其中，items 是给定的对象，v-for 指令会根据对象中的属性个数来决定循环次数；item 是一个必选变量，用于保存每次循环从对象中取出的属性值；name 是一个可选变量，用于保存 item 在对象中对应的属性名；index 也是一个可选变量，其值为从 0 开始的自增整数，表示当前项的位置索引。需要注意的是，在该语法格式中，可以同时省略 name 和 index。

也可以只省略 index，但不能只省略 name。

（2）使用 v-for 指令根据整数值或字符串或数组循环渲染列表，语法格式如下。

```
<标签名 v-for="(item,index) in items">…</标签名>
```

其中，items 是给定的整数值或字符串或数组；item 是一个必选变量；index 是一个可选变量，表示当前项的位置索引。当 items 为整数值时，v-for 会将该值作为循环次数；item 用于保存循环过程中取到的整数值，初始值为 1，每次循环后，item 的值自增 1。当 items 为字符串时，v-for 会将字符串的长度作为循环次数；item 用于保存每次循环从字符串中取出的字符。当 items 为数组时，v-for 会将数组的长度作为循环次数；item 用于保存每次循环从数组中取出的元素。

上述的两种语法格式中，如果只需要获取 item 的值，则小括号可以省略。另外，item、name、index 和 items 的名称都不是固定的，大家可以根据需要自定义名称。

示例 3-2 循环渲染列表

根据对象和数组循环渲染列表。（示例位置：example\project3\case3-2.html）

新建文件“case3-2.html”，并构建网页基本框架，然后在<body>标签中输入如下代码。

```
<div id="app">
  <h1>根据对象循环渲染列表</h1>
  <!--使用 v-for 指令根据对象 obj 循环渲染列表-->
  <p v-for="(value,key) in obj">属性名：{{key}}；属性值：{{value}}
</p>
  <h1>根据数组循环渲染列表</h1>
  <!--使用 v-for 指令根据数组 list 循环渲染列表-->
  <p v-for="item in list">id：{{item.id}}；姓名：{{item.name}}；
电话：{{item.tel}}</p>
</div>
<script>
  const App=Vue.createApp({
    setup(){
      //定义对象
      const obj=Vue.ref({
        title:"Vue.js",
        url:"https://cn.vuejs.org/guide/introduction.html",
        author:"尤雨溪"
      })
      //定义数组
```

```
      const list=Vue.ref([
        {id:1,name:"王某",tel:"152****2035"},
        {id:2,name:"刘某",tel:"147****6812"},
        {id:3,name:"赵某",tel:"155****3346"}
      ])
      return {obj,list}
    }
  })
  App.mount('#app')
</script>
```

使用浏览器打开网页文件，页面效果如图 3-4 所示。

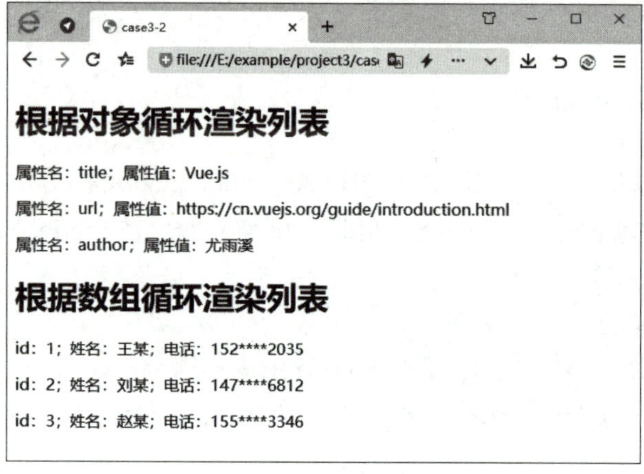

图 3-4　“case3-2.html”文件的页面效果

高手点拨

使用 v-for 指令循环渲染列表时，可以为列表的每个元素提供一个 key 属性，并使用 v-bind 指令为 key 属性绑定一个唯一值，从而跟踪每个元素，以便更好地重用和排序现有元素，示例代码如下。

```
<div v-for="item in items" :key="item.id">…</div>
```

其中，item.id 为 key 属性的值。

为元素提供了 key 属性后，既可以提高渲染性能，又能防止列表状态紊乱。key 属性值只能是字符串或数字类型，且必须具有唯一性，即 key 属性值不能重复。

与 v-if 指令类似，在<template>标签上使用 v-for 指令可以循环渲染一个包含多个元素的块。

3.4 属性绑定指令

Vue.js 提供的属性绑定指令为 v-bind，使用该指令为 HTML 元素的属性绑定数据的语法格式在项目 2 的 2.2.3 小节中已经介绍过了。使用 v-bind 指令可以为 HTML 元素的任意属性绑定数据。其中，使用 v-bind 指令为 class 属性和 style 属性绑定数据，可以实现动态更改元素的样式。本节将重点介绍 class 属性绑定与 style 属性绑定的相关知识。

3.4.1 class 属性绑定

在 Vue.js 中，使用 v-bind 指令为 class 属性绑定数据时，可以将 class 属性值绑定为字符串、对象或数组。其中，将 class 属性值绑定为字符串的示例见项目 2 中的示例 2-2，本项目不再赘述。

1. 将 class 属性值绑定为对象

在 Vue.js 中，将 class 属性值绑定为对象可以动态地切换 class 属性值，语法格式如下。

```
<标签名 v-bind:class="{className1:boolean1,className2:boolean2,…}
">…</标签名>
```

其中，对象中的属性名为要绑定的类名；对象中的属性值为布尔型数据（true 或 false）。当对象中的属性值为 true 时，表示类名生效，否则类名不生效。

使用 v-bind 指令为 class 属性绑定数据时，也可以与普通的 class 属性共存，语法格式如下。

```
<标签名 class="className1" v-bind:class="{className2:boolean,…}
">…</标签名>
```

知识库

在使用 v-bind 指令将 class 属性值绑定为对象时，如果不希望将对象类型的 class 属性值直接写在 HTML 元素中，可以将 class 属性值定义成一个响应式对象或一个计算属性，可以有多个，以逗号分隔即可，语法格式如下。

```
<标签名 v-bind:class="classObj1,classObj2,…">…</标签名>
```

其中，classObj1 和 classObj2 为在 JavaScript 中定义的响应式对象或计算属性。

2. 将 class 属性值绑定为数组

在 Vue.js 中，将 class 属性值绑定为数组可以渲染多种样式，语法格式如下。

```
<标签名 v-bind:class="[className1,className2,…]">…</标签名>
```

其中，数组中的元素为要绑定的类名。

如果要在数组中有条件地渲染某个 class 属性，可以使用三元表达式，语法格式如下。

```
<标签名 v-bind:class="[boolean ? className1 : '',className2]
">…</标签名>
```

其中，className2 会一直存在，但 className1 只会在 boolean 的值为 true 时才存在。

当 class 属性值中含有多个条件时，可以在数组中嵌套对象，语法格式如下。

```
<标签名 v-bind:class="[{className1:boolean,…},className2,…]">
…</标签名>
```

示例 3-3　为 class 属性绑定数据

使用 v-bind 指令将 class 属性值绑定为对象和数组。（示例位置：example\project3\case3-3.html）

新建文件“case3-3.html”，并构建网页基本框架，然后在<body>标签中输入如下代码。

```
<div id="app" style="text-align:center;">
  <!--将 class 属性值绑定为对象-->
  <div class="div" v-bind:class="{border:isBorder,color:isGray}
"></div>
  <!--将 class 属性值绑定为响应式对象 colorObj 和计算属性 borderObj-->
  <div class="div" v-bind:class="colorObj,borderObj"></div>
  <!--将 class 属性值绑定为数组-->
  <div v-bind:class="[isBorder ? '' : border,{color:isGray},div]
"></div>
</div>
<script>
  const App=Vue.createApp({
    setup(){
      const div=Vue.ref('div')
      const border=Vue.ref('border')
      const color=Vue.ref('color')
      const isBorder=Vue.ref(false)
      const isGray=Vue.ref(true)
      //定义响应式对象
      const colorObj=Vue.ref({color:false})
      //定义计算属性
      const borderObj=Vue.computed(()=>{
        var getBorder=!isBorder.value
        colObject2={border:getBorder}
```

```
        return colObject2
      })
      return {div,border,color,isGray,isBorder,colorObj,borderObj}
    }
  })
  App.mount('#app')
</script>
<style>
  .div{
    width:100px;
    height:100px;
    margin-right:15px;
    display:inline-block;
  }
  .border{
    border:1px dashed black;
  }
  .color{
    background:linear-gradient(white,gray);
  }
</style>
```

使用浏览器打开网页文件，页面效果如图 3-5 所示。

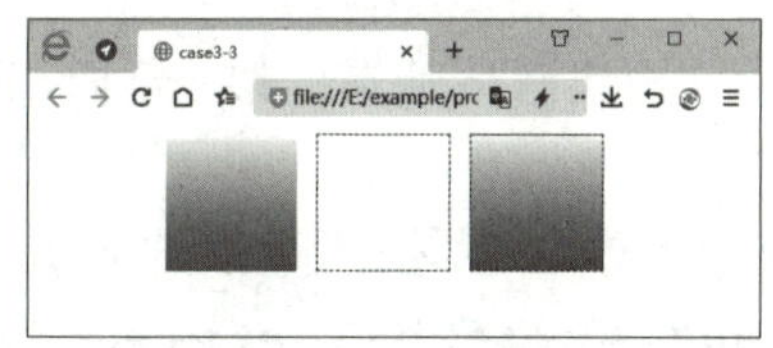

图 3-5 “case3-3.html”文件的页面效果

3.4.2 style 属性绑定

在 Vue.js 中，使用 v-bind 指令为 style 属性绑定数据时，可以将 style 属性值绑定为对象或数组。

1. 将 style 属性值绑定为对象

在 Vue.js 中，将 style 属性值绑定为对象的语法格式如下。

```
<标签名 v-bind:style="{属性名 1:'属性值 1',属性名 2:'属性值 2',…}">…
</标签名>
```

其中，对象中的属性名为 CSS 样式中的属性名，对象中的属性值为 CSS 样式中的属性值。

CSS 样式的属性名可以用驼峰式（如 fontSize）或短横线分隔式（如 font-size）两种形式命名。如果在对象中使用短横线分隔的形式命名属性名，需要将属性名写成字符串的形式，即属性名需要被单引号包裹。如果 CSS 样式的属性值为 JavaScript 中定义的数据，CSS 样式的属性值则不需要被单引号包裹。

知识库 •••

上述语法格式中的对象可以定义在 JavaScript 中，此时将 style 属性值绑定为对象的语法格式如下。

```
<标签名 v-bind:style="styleObj">…</标签名>
```

其中，styleObj 为在 JavaScript 中定义的对象。

2. 将 style 属性值绑定为数组

在 Vue.js 中，可以将 style 属性值绑定为包含多个样式对象的数组，这些对象中的样式都会被渲染到同一个元素上，语法格式如下。

```
<标签名 v-bind:style="[styleObj1,styleObj2,…]">…</标签名>
```

示例 3-4　为 style 属性绑定数据

使用 v-bind 指令将 style 属性值绑定为对象和数组。（示例位置：example\project3\case3-4.html）

新建文件“case3-4.html”，并构建网页基本框架，然后在<body>标签中输入如下代码。

```
<div id="app">
  <!--将 style 属性值绑定为包含多个样式对象的数组-->
  <div v-bind:style="[styleObj1,styleObj2]">Vue.js 指令</div>
  <!--将 style 属性值绑定为对象-->
  <div v-bind:style="{'text-align':text,'font-size':'50px'}">
使用 v-bind 指令为 style 属性绑定数据</div>
</div>
<script>
  const App=Vue.createApp({
    setup(){
      const text=Vue.ref('center')
      const styleObj1=Vue.ref({
        'text-align':'center',
        marginBottom:'20px'
```

```
      })
      const styleObj2=Vue.ref({
        'font-weight':'600',
        fontSize:'80px'
      })
      return {text,styleObj1,styleObj2}
    }
  })
  App.mount('#app')
</script>
```

使用浏览器打开网页文件，页面效果如图 3-6 所示。

图 3-6 “case3-4.html”文件的页面效果

3.5 事件处理指令

Vue.js 提供的事件处理指令为 v-on，使用该指令可以监听发生在 HTML 元素上的事件（如鼠标单击某个按钮、鼠标滑过某个区域等），并为事件绑定事件处理器。当事件触发时，系统会执行事件处理器对应的 JavaScript 代码来处理事件，从而实现用户与网页之间的交互。

3.5.1 事件监听与处理

在 Vue.js 中，使用 v-on 指令监听和处理事件的语法格式如下。

```
<标签名 v-on:事件名="事件处理器">...</标签名>
```

其中，事件名为 DOM 中的事件；事件处理器为方法名或内联 JavaScript 语句。另外，Vue.js 提供了 v-on 指令的简写形式，上述语法格式可简写为如下形式。

```
<标签名 @事件名="事件处理器">...</标签名>
```

DOM 中常用的事件如表 3-1 所示。

表 3-1 DOM 中常用的事件

事件名	触发场景	事件名	触发场景
click	单击事件，单击元素时触发	dblclick	双击事件，双击元素时触发
mousedown	按下鼠标任意按键时触发	mouseup	释放鼠标按键时触发
mousemove	鼠标在元素内移动时触发	mouseout	鼠标移出元素时触发
mouseover	鼠标移入元素时触发	mousewheel	鼠标滚轮滑动时触发
keydown	键盘按键被按下时触发，长按按键多次触发	keyup	键盘按键被抬起时触发
blur	失去焦点事件，元素失去焦点时触发，常用于 input、textarea、select 等元素	focus	获取焦点事件，元素获得焦点时触发，常用于 input、textarea、select 等元素
change	表单元素的值发生改变时触发，常用于 input、textarea、select 等元素。其中，对于元素 input 和 textarea，文本框内容发生改变，且元素失去焦点后才会触发该事件；对于元素 select，当选择器的内容发生变化时就会触发该事件	input	表单元素的值发生改变时立即触发，常用于 input、textarea、select 等元素

事件处理器分为方法事件处理器和内联事件处理器。

（1）方法事件处理器。如果事件处理的逻辑比较复杂，建议使用 JavaScript 定义的方法名作为事件处理器，该事件处理器称为方法事件处理器。方法事件处理器提供了内置变量 event，使用它可以获取事件对象。

（2）内联事件处理器。如果事件处理的逻辑比较简单，只有一行代码，建议使用内联 JavaScript 语句作为事件处理器，该事件处理器称为内联事件处理器。

在 Vue.js 中，还可以在内联事件处理器中调用在 JavaScript 中定义的带有参数的方法。

示例 3-5 监听并处理单击事件

使用 v-on 指令监听并处理多个单击事件。（示例位置：example\project3\case3-5.html）

新建文件“case3-5.html”，并构建网页基本框架，然后在<body>标签中输入如下代码。

```
<div id="app" style="text-align:center;">
  <h2 v-bind:style="{fontSize:fontSize}">正方形的边长是{{len}}</h1>
  <!--使用内联事件处理器处理事件-->
  <button v-on:click="len++">边长加 1</button>
  <!--在内联事件处理器中调用方法-->
  <button v-on:click="change(3)">边长加 3</button>
  <!--使用方法事件处理器处理事件-->
  <button v-on:click="size">修改字体大小</button>
```

```
  </div>
  <script>
    const App=Vue.createApp({
      setup(){
        const fontSize=Vue.ref('30px')
        const len=Vue.ref(2)
        //定义带参数的方法
        const change=(length)=>{len.value=len.value+length}
        //定义方法，并通过内置变量 event 获取事件对象
        const size=(event)=>{
          if(fontSize.value==='30px'){
            fontSize.value='40px'
            event.target.style.fontSize='30px'
          }else{
            fontSize.value='30px'
            event.target.style.fontSize='15px'
          }
        }
        return {len,fontSize,change,size}
      }
    })
    App.mount('#app')
  </script>
  <style>
    button{
      margin-right:15px;
      border-radius:5px;
    }
  </style>
```

使用浏览器打开网页文件，初始页面效果如图 3-7 所示。单击“边长加 1”按钮，边长变为 3，页面效果如图 3-8 所示。单击“边长加 3”按钮，边长变为 6，页面效果如图 3-9 所示。单击“修改字体大小”按钮，页面中文本的字体和“修改字体大小”按钮的字体变大，页面效果如图 3-10 所示。

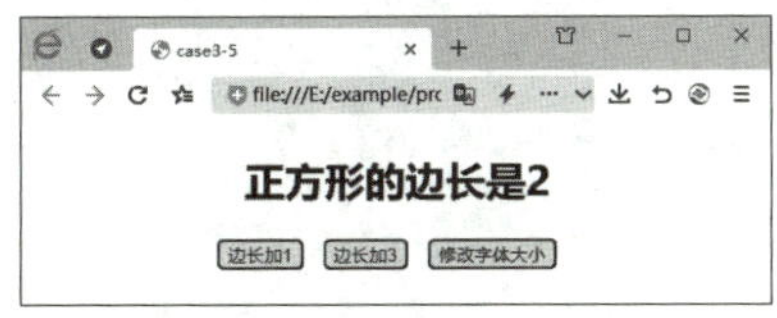

图 3-7 初始页面效果

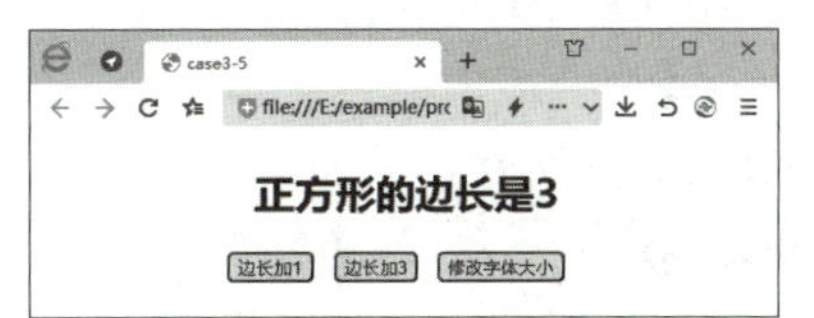

图 3-8 单击“边长加 1”按钮后的页面效果

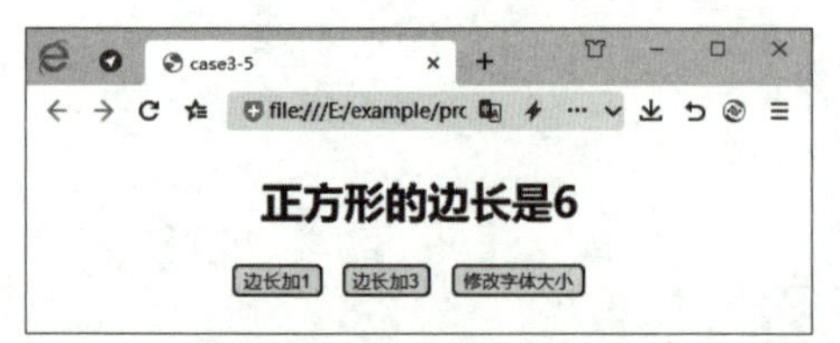

图 3-9 单击“边长加 3”按钮后的页面效果

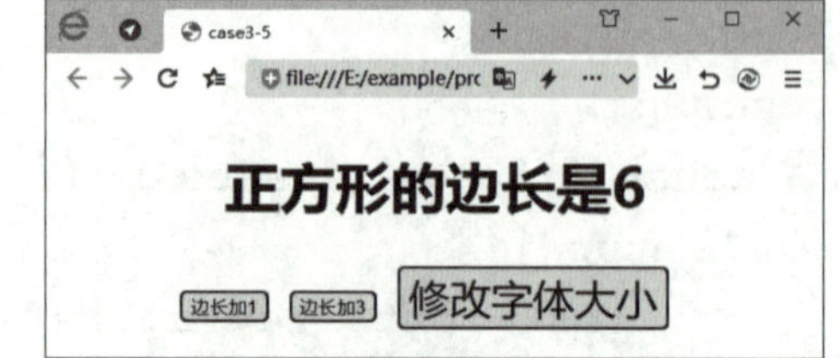

图 3-10 单击“修改字体大小”按钮后的页面效果

提 示

我们也可以在调用带有参数的方法的内联事件处理器中访问事件对象，示例代码如下。

```
<!--HTML-->
<button v-on:click="change(1,$event)">边长加 1</button>
//JavaScript
const change=(len,event)=>{…}
```

3.5.2 事件修饰符

在处理事件时，有时需要调用 DOM 中原生的方法。为了简化代码，Vue.js 提供了事件修饰符和 v-on 指令配合使用，以便控制事件。修饰符是用“.”表示的指令后缀。事件修饰符用于修饰事件的行为，写在事件名之后。

当我们在页面上触发了一个单击事件时，事件首先会从最外层元素依次向内传递到最内层元素中，这一过程称为事件捕获；当事件传递到最内层元素后，还会逆向再进行一轮传递，从最内层元素依次向外传递到最外层元素，这一过程称为事件冒泡。Vue.js 中默认监听的是事件冒泡，即从最内层元素传递到最外层元素的这一过程。

要监听事件捕获，就需要用到事件修饰符。Vue.js 提供的事件修饰符.capture 可以将监听的阶段设置为事件捕获阶段。

【例 3-1】 使用事件修饰符.capture 控制单击事件，代码如下。（示例位置：example\project3\3-1.html）

```
<div id="app" style="text-align:center;">
  <div @click.capture="click1" style="border:solid;">外层
    <div @click.capture="click2"  style="border:solid;margin:
10px;">内层</div>
  </div>
</div>
<script>
  const App=Vue.createApp({
```

```
    setup(){
      const click1=()=>{console.log("外层")}
      const click2=()=>{console.log("内层")}
      return {click1,click2}
    }
  })
  App.mount('#app')
</script>
```

使用浏览器打开网页文件，按“Ctrl+Shift+I”组合键打开“开发人员工具”窗格并切换到“控制台”选项卡，然后单击“内层”所在的框，页面效果如图 3-11 所示。

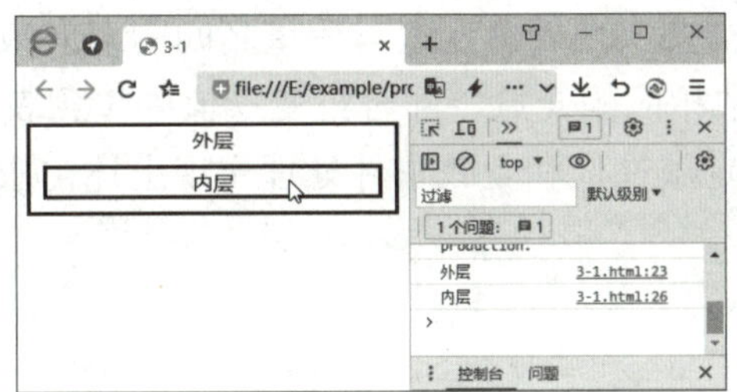

图 3-11 “3-1.html”文件的页面效果

从图 3-11 可以看出，单击内层元素后，控制台先打印“外层”再打印“内层”，说明监听的事件传递顺序为由外层元素到内层元素，即事件捕获阶段。若不为事件添加修饰符.capture，则监听的是事件冒泡阶段，控制台打印的应先是“内层”，再是“外层”。

除了事件修饰符.capture 外，Vue.js 还提供了一些常用的事件修饰符，如表 3-2 所示。

表 3-2 常用的事件修饰符

<table>
<tr><th>事件修饰符</th><th>描述</th><th>应用</th><th>事件修饰符</th><th>描述</th><th>应用</th></tr>
<tr><td>.stop</td><td>阻止事件传递</td><td rowspan="4">可修饰大部分事件</td><td>.passive</td><td>不禁止默认的事件</td><td>一般用于修饰触摸事件</td></tr>
<tr><td>.prevent</td><td>禁止默认的事件</td><td>.enter</td><td>捕获“Enter”键</td><td rowspan="9">主要用于修饰键盘事件</td></tr>
<tr><td>.once</td><td>只触发一次事件</td><td>.tab</td><td>捕获“Tab”键</td></tr>
<tr><td>.self</td><td>当事件对象是当前元素时才会触发事件</td><td>.delete</td><td>捕获“Delete”键和“Backspace”键</td></tr>
<tr><td>.ctrl</td><td>捕获“Ctrl”键</td><td rowspan="4">主要用于修饰鼠标或键盘事件</td><td>.esc</td><td>捕获“Esc”键</td></tr>
<tr><td>.alt</td><td>捕获“Alt”键</td><td>.space</td><td>捕获“Space”键</td></tr>
<tr><td>.shift</td><td>捕获“Shift”键</td><td>.up</td><td>捕获“↑”键</td></tr>
<tr><td>.meta</td><td>捕获“Windows”键</td><td>.down</td><td>捕获“↓”键</td></tr>
<tr><td>.left</td><td>捕获鼠标左键</td><td rowspan="3">主要用于修饰鼠标事件</td><td>.left</td><td>捕获“←”键</td></tr>
<tr><td>.right</td><td>捕获鼠标右键</td><td>.right</td><td>捕获“→”键</td></tr>
<tr><td>.middle</td><td>捕获鼠标中键</td><td></td><td></td><td></td></tr>
</table>

高手点拨

事件修饰符可以串联使用。例如，@click.stop.once 表示既阻止事件传递，又控制事件只被触发一次。

需要注意的是，串联使用事件修饰符时需要注意串联顺序。例如，@click.prevent.self 表示阻止元素及其子元素的所有单击事件的默认行为，而@click.self.prevent 表示只阻止元素本身的单击事件的默认行为。

3.6 表单输入绑定指令

在前端开发中，常常需要实现表单元素与变量之间的双向数据绑定，不仅将表单元素的内容同步给 JavaScript 中相应的变量，同时将变量值同步到表单中。通过前面的学习可知，我们可以通过手动绑定属性值和更改事件处理实现上述需求，示例代码如下。

```
<input
  :value="text"
  @input="event=>text=event.target.value" />
```

该段代码虽然可以实现单行文本框与变量之间的双向数据绑定，但是代码写起来比较麻烦。Vue.js 提供了表单输入绑定指令 v-model，用于实现表单元素与变量之间的双向数据绑定，从而简化数据同步的实现方法。

3.6.1 双向数据绑定

在 Vue.js 中，使用 v-model 指令可以在表单元素 input、textarea 和 select 上建立双向数据绑定。

使用 v-model 指令在表单元素 input 上建立双向数据绑定的语法格式如下。

```
<input v-model="变量名" />
```

使用 v-model 指令在表单元素 textarea 和 select 上建立双向数据绑定的语法格式如下。

```
<标签名 v-model="变量名">…</标签名>
```

v-model 指令会根据使用的元素自动选取对应的属性和事件组合，具体如下。

（1）textarea 元素（表示多行文本框）和 text 类型的 input 元素（表示单行文本框）会绑定 value 属性并监听 input 事件。

（2）radio 类型的 input 元素（表示单选钮）和 checkbox 类型的 input 元素（表示复选框）会绑定 checked 属性并监听 change 事件。

（3）select 元素（表示选择器）会绑定 value 属性并监听 change 事件。

其中，多行文本框、单行文本框、单选钮、单选选择器绑定的变量的数据类型是字符串；多个复选框和多选选择器绑定的变量的数据类型是数组；单个复选框绑定的变量的数据类型是布尔值。

提 示

对多行文本框不能使用双大括号语法进行文本插值，而应使用 v-model 指令。

对于多个复选框一起使用的场景，可以将变化的部分抽取出来，定义为 JavaScript 对象或数组，然后通过 v-for 指令渲染到页面上，感兴趣的读者可自行尝试。

示例 3-6 制作调查问卷

使用 v-model 指令在表单元素上创建双向数据绑定制作调查问卷。（示例位置：example\project3\case3-6.html）

新建文件，并构建网页基本框架，然后在<head>标签中使用<link>标签引入本书配套素材“example\project3”中的样式文件“case3-6.css”，最后在<body>标签中输入如下代码。

```
<div id="app">
  <h1 style="text-align:center;">关于阅读情况的问卷调查</h1>
  <form>
    <div>
      <h3>基本信息</h3>
      <label>
        <span>姓名：</span>
        <!--使用 v-model 指令为单行文本框绑定数据-->
        <input type="text" v-model="name" placeholder="请输入姓
名" required />
      </label>
      <label>
        <span style="margin-left:20px;">性别：</span>
        <!--使用 v-model 指令为单选选择器绑定数据-->
        <select v-model="selected">
          <option disabled value="">请选择性别</option>
          <option value="男">男</option>
          <option value="女">女</option>
        </select>
      </label>
    </div>
    <div v-for="(question,index) in questions" :key="index">
      <h3>{{question.title}}</h3>
      <div v-if="question.type==='text'" required>
        <!--使用 v-model 指令为多行文本框绑定数据-->
```

```
        <textarea v-model="question.answer"></textarea>
      </div>
      <div v-else-if="question.type==='radio'">
        <template v-for="(option,optionIndex) in question.options"
:key="optionIndex">
          <!--使用 v-model 指令为单选钮绑定数据-->
          <input type="radio" v-model="question.answer" :value=
"option" />
          <label>{{option}}</label>
          <br>
        </template>
      </div>
      <div v-else-if="question.type==='checkbox'">
      <template v-for="(option,optionIndex) in question.options"
:key="optionIndex">
          <!--使用 v-model 指令为复选框绑定数据-->
          <input type="checkbox" v-model="question.answer" :value
="option" />
          <label>{{option}}</label>
          <br>
        </template>
      </div>
    </div>
  </form>
  <div style="text-align:center;">
    <!--使用 v-on 指令监听并处理单击事件-->
    <button type="submit" v-on:click="submitForm">提交</button>
  </div>
</div>
<script>
  const App=Vue.createApp({
    setup(){
      const name=Vue.ref('')
      const selected=Vue.ref('')
      //定义页面中显示的问题
      const questions=Vue.ref([
        {
        title:'1. 您的年龄处于:',
```

```
      type:'radio',
      options:['A 28 岁以下','B 28-35 岁','C 35-45 岁','D 45 岁以上'],
      answer:''
      },
      //此处省略了部分代码，完整代码可参考本书配套素材
    ])
    //定义单击事件的处理方法
    const submitForm=()=>{
      console.log("姓名: "+name.value+",性别: "+selected.value)
      let a=questions.value
      for(let i=0;i<a.length;i++){
        console.log(a[i].title+a[i].answer)
      }
      alert("提交成功!!! ")
    }
    return {questions,submitForm,name,selected}
  }
 })
 App.mount('#app')
</script>
```

使用浏览器打开网页文件，初始页面效果如图 3-12 所示。填写并提交后的页面效果如图 3-13 所示。

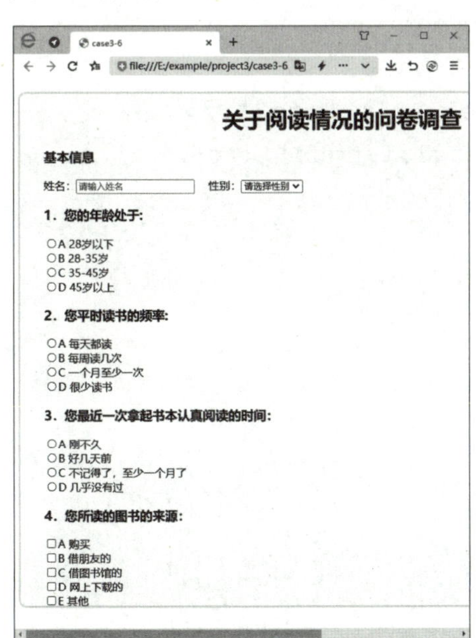

图 3-12　调查问卷的初始页面效果

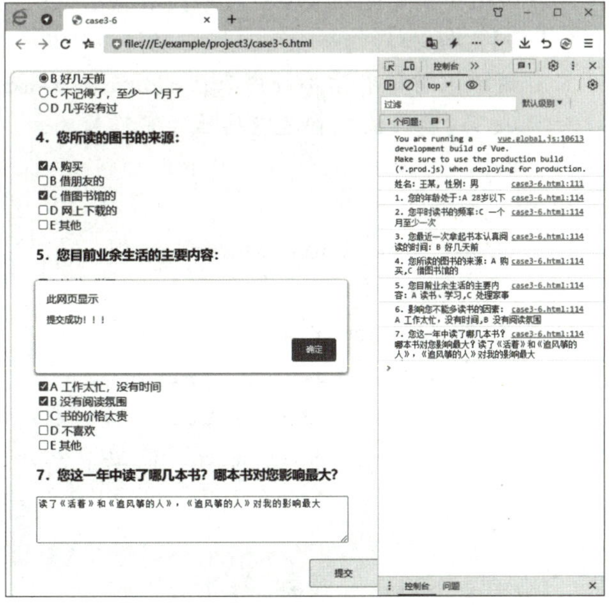

图 3-13　填写并提交后的页面效果

3.6.2 表单修饰符

使用 v-model 指令双向绑定数据时，为了方便用户对输入的内容进行处理，Vue.js 提供了 3 个表单修饰符，如表 3-3 所示。

表 3-3 表单修饰符

表单修饰符	描述
.lazy	监听 change 事件而不是 input 事件，即只有在文本框失去焦点后才会更新数据
.number	自动将用户输入的数据转为数值类型
.trim	自动过滤用户输入的首尾空白字符

示例 3-7 表单修饰符的简单应用

使用 v-model 指令对多个单行文本框进行双向数据绑定时，分别添加修饰符.lazy、.number 和.trim。（示例位置：example\project3\case3-7.html）

新建文件“case3-7.html”，并构建网页基本框架，然后在<body>标签中输入如下代码。

```
<div id="app">
  <!--添加修饰符.lazy，只有单行文本框失去焦点后，才会同步数据-->
  请输入内容：<input v-model.lazy="msg1" />
  <p>单行文本框失去焦点后同步的数据：{{msg1}}</p>
  <!--添加修饰符.number，当输入数字后，数据类型显示为 number-->
  请输入数字：<input v-model.number="msg2" />
  <p>转换单行文本框中数字的数据类型：{{typeof msg2}}</p>
  <!--添加修饰符.trim，自动过滤数据中的首尾空格-->
  请输入首尾有空格的内容：<input v-model.trim="msg3" />
  <p>过滤数据中首尾空格后的字符长度：{{msg3.length}}</p>
</div>
<script>
  const App=Vue.createApp({
    setup(){
      const msg1=Vue.ref('')
      const msg2=Vue.ref('')
      const msg3=Vue.ref('')
      return {msg1,msg2,msg3}
    }
  })
  App.mount('#app')
</script>
```

使用浏览器打开网页文件，初始页面效果如图 3-14 所示。输入内容后的页面效果如图 3-15 所示。

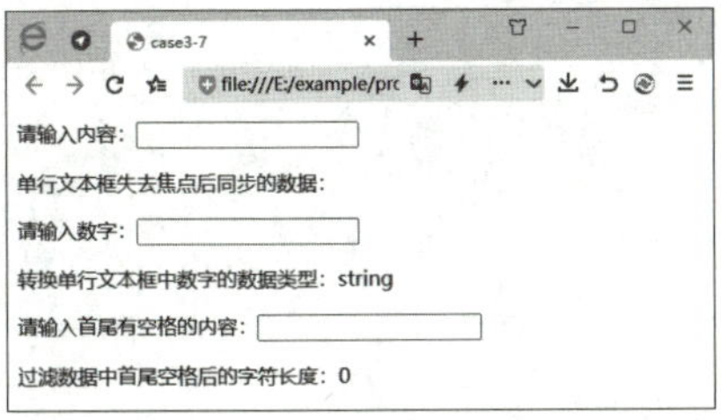

图 3-14 使用表单修饰符的初始页面效果

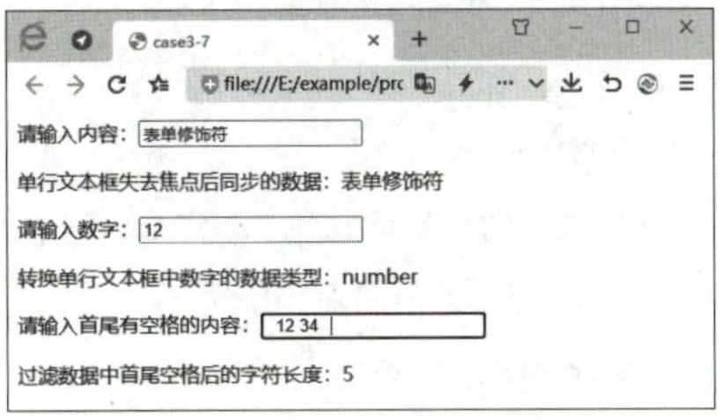

图 3-15 输入内容后的页面效果

3.7 自定义指令

在 Vue.js 中，开发人员不仅可以直接使用内置指令，还可以使用自定义指令，拓展额外的功能满足某些定制化的需求，简化项目开发过程。

3.7.1 自定义指令的注册和使用

根据作用域的不同，可以将自定义指令分为局部自定义指令和全局自定义指令两类，不同类型的自定义指令注册方式也不同。

1. 注册局部自定义指令

局部自定义指令是指在组件内部注册的指令，这种指令只可以用在注册它的组件中。在 HTML 文件中，使用 directives 选项注册局部自定义指令，语法格式如下。

```
setup(){…},
directives:{
  自定义指令名:{…}
}
```

在使用自定义指令时，需要在自定义指令名的前面加上“v-”。

在使用了<script setup>的单文件组件中注册局部自定义指令时，任何以“v”开头的驼峰式命名的变量都可以被当作一个局部自定义指令，示例代码如下。

```
<script setup>
const vFocus={…}
</script>
```

其中，vFocus 表示注册的局部自定义指令。在 HTML 元素中使用该指令时，要以短横线分隔式使用，即 v-focus。

【例 3-2】 注册局部自定义指令，实现页面加载完成后单行文本框自动获取焦点，代码如下。（示例位置：example\project3\3-2.html）

```
<div id="app" style="text-align:center;">
  <!--使用自定义指令 focus-->
  <input v-focus />
</div>
<script>
  const App=Vue.createApp({
    //注册局部自定义指令
    directives:{
      //定义自定义指令 focus，使页面加载完成后，<input>标签自动获取焦点
      focus:{
        mounted:(el)=>{el.focus()}
      }
    }
  })
  App.mount('#app')
</script>
```

使用浏览器打开网页文件，页面效果如图 3-16 所示。

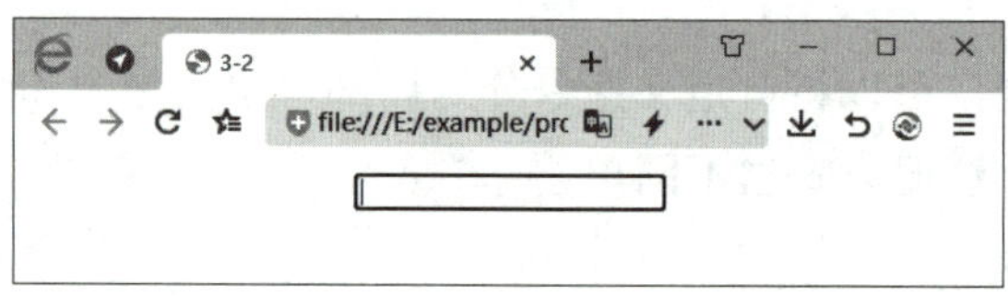

图 3-16　“3-2.html”文件的页面效果

2. 注册全局自定义指令

全局自定义指令是指在全局注册的指令，这种指令可以用在全局中。在 Vue.js 中，使用实例的 directive()方法注册全局自定义指令，语法格式如下。

```
实例名.directive('自定义指令名',{…})
```

其中，directive()方法第 1 个参数的数据类型为字符串，表示全局自定义指令的名称；第 2 个参数是对象或方法，用于接收指令的参数值。

练一练

请将例 3-2 中注册的局部自定义指令修改为全局自定义指令，并查看页面效果。

3.7.2　钩子函数

前一节内容只是讲述了如何注册自定义指令，还没有讲如何定义自定义指令中的具体功能。一个自定义指令的功能必须借助一个或多个钩子函数实现，Vue.js 中常用的钩子函

数如表 3-4 所示。这些钩子函数都是可选的，开发人员可以根据需求选择不同的钩子函数；并在钩子函数内完成逻辑代码。

表 3-4 Vue.js 中常用的钩子函数

钩子函数	描述
created()	在绑定元素的属性前或事件监听器被应用前调用
beforeMount()	在指令绑定到元素之后调用，且只调用一次
mounted()	在绑定元素的父组件及自身的所有子节点都挂载完成后调用，大部分自定义指令的逻辑代码都写在这里
beforeUpdate()	在绑定元素的父组件更新前调用
updated()	在绑定元素的父组件及自身的所有子节点都更新后调用
beforeUnmount()	在绑定元素的父组件卸载前调用
unmounted()	在绑定元素的父组件卸载后调用

表 3-4 中的钩子函数中都包含 4 种参数，它们的详细介绍如表 3-5 所示。

表 3-5 钩子函数的 4 种参数

<table>
<tr><th>参数</th><th colspan="2">描述</th></tr>
<tr><td>el</td><td colspan="2">指令绑定的元素，可用于直接操作当前元素，el 是默认传入钩子函数的参数</td></tr>
<tr><td rowspan="6">binding</td><td rowspan="6">一个对象，包含 6 个属性</td><td>value：传递给指令的值</td></tr>
<tr><td>oldValue：之前的值，仅在 beforeUpdate()钩子函数和 updated()钩子函数中可用，无论值是否更改都可用</td></tr>
<tr><td>arg：传递给指令的参数</td></tr>
<tr><td>modifiers：一个包含修饰符的对象</td></tr>
<tr><td>instance：使用该指令的组件实例</td></tr>
<tr><td>dir：指令的定义对象</td></tr>
<tr><td>vnode</td><td colspan="2">绑定元素的底层的虚拟节点</td></tr>
<tr><td>preNode</td><td colspan="2">之前页面渲染中指令所绑定元素的虚拟节点，仅在 beforeUpdate()钩子函数和 updated()钩子函数中可用</td></tr>
</table>

例如，在<div>标签中使用自定义指令 directive，代码如下。

```
<div v-directive:foo.bar1.bar2="message">…<div>
```

其中，对应的在 JavaScript 中获取的 binding 参数的值如下所示。

```
{
  value:/* "message" 的值*/,
  oldValue:/*上一次更新时 "message" 的值*/,
  arg:'foo',
```

```
  modifiers:{bar1:true,bar2:true}
}
```

如果自定义指令需要绑定多个值，可以传递一个对象，示例代码如下。

```
<p v-directive="{color:'red',text:'Hello Vue.js'}">…</p>
```

示例 3-8　注册并使用自定义指令

注册并使用自定义指令，实现元素文字大小的修改。（示例位置：example\project3\case3-8.html）

新建文件“case3-8.html”，并构建网页基本框架，然后在<body>标签中输入如下代码。

```
<div id="app" style="text-align:center;">
  <!--使用自定义指令 styles，并为该指令绑定值 size-->
  <div v-styles="size">{{message}}</div>
  <button @click="click" style="margin-top:20px;">增大字号</button>
</div>
<script>
  const App=Vue.createApp({
    setup(){
      const message=Vue.ref('自定义指令')
      const size=Vue.ref(30)
      const click=()=>{size.value=size.value+3}
      return{message,size,click}
    },
    //注册自定义指令
    directives:{
      //定义自定义指令 styles
      styles:{
        //使用 mounted()钩子函数，在元素挂载完成后初始化字号
        mounted:(el,binding)=>{
          el.style.fontSize=binding.value+"px"
        },
        //使用 updated()钩子函数，在 size 的值改变时，更新元素的字号
        updated:(el,binding)=>{
          el.style.fontSize=binding.value+"px"
        }
      }
    }
  })
```

```
  App.mount('#app')
</script>
```

使用浏览器打开网页文件，初始页面效果如图 3-17 所示。单击“增大字号”按钮后，页面效果如图 3-18 所示。

图 3-17 初始页面效果

图 3-18 单击“增大字号”按钮后的页面效果

提 示

如果想要更加深入地了解钩子函数中的 binding 参数，可在定义自定义指令功能的钩子函数中添加如下代码，在控制台打印 binding 参数的值。

```
console.log(binding)
```

3.7.3 简化形式

对于自定义指令，常常只需要在 mounted()钩子函数和 updated()钩子函数中定义逻辑代码，除此之外，不需要其他的钩子函数。这种情况下，自定义指令可以简写为函数形式。

注册局部自定义指令语法格式的简化形式如下。

```
directives:{
  自定义指令名(){…}
}
```

注册全局自定义指令语法格式的简化形式如下。

```
实例名.directive('自定义指令名',()=>{…})
```

【例 3-3】 将示例 3-8 中的自定义指令修改为简化形式，代码如下。（示例位置：example\project3\3-3.html）

```
  //只修改自定义指令部分的代码
  directives:{
    styles(el,binding){
      el.style.fontSize=binding.value+"px"
    }
  }
```

项目实施——制作订餐系统商品评价模块

订餐系统商品评价模块的页面效果如图 3-19 所示。制作步骤如下。

图 3-19　商品评价模块的页面效果

制作订餐系统商品评价模块

步骤 1　使用 VS Code 编辑器打开本书配套素材“example\project3”中的 order-system 项目。

步骤 2　将本书配套素材“example\project3\img”中的“user.png”“star24_half@2x.png”“star24_off@2x.png”“star24_on@2x.png”“star36_half@2x.png”“star36_off@2x.png”和“star36_on@2x.png”图片复制到项目的“src\assets”目录下。

步骤 3　在项目的“src\assets”目录下新建“json”文件夹，然后将本书配套素材“example\project3\data”中的“data.json”文件复制到新建的文件夹中。

步骤 4　在项目的“src\components”目录下新建单文件组件“ShopRate.vue”，并构建组件的基本框架，代码如下。

```
<template>
</template>
<script setup>
</script>
<style>
</style>
```

步骤 5 在<template>标签中定义商品评价模块的页面结构和内容，代码如下。

```
<div class="ratings">
  <div>
    <!--商家的综合评价，商品评价模块的顶部-->
    <div class="ratings-top">
      <div class="overview">
        <div class="overview-left">
          <h1 class="score">4.3</h1>
          <div class="title-rate">综合评分</div>
          <div class="rank">高于周边商家 80.2%</div>
        </div>
        <div class="overview-right">
          <div class="score-wrapper">
            <span class="score-title">服务态度</span>
            <div class="star">
              <div class="star-item star-36">
                <span class="star-item-on"></span>
                <span class="star-item-on"></span>
                <span class="star-item-on"></span>
                <span class="star-item-on"></span>
                <span class="star-item-half"></span>
              </div>
            </div>
            <span class="score-score">4.5</span>
          </div>
          <div class="score-wrapper">
            <span class="score-title">商品评分</span>
            <div class="star">
              <div class="star-item star-36">
                <span class="star-item-on"></span>
                <span class="star-item-on"></span>
                <span class="star-item-on"></span>
                <span class="star-item-on"></span>
                <span class="star-item-off"></span>
              </div>
            </div>
            <span class="score-score">4.0</span>
```

```
        </div>
      </div>
    </div>
  </div>
  <div class="split"></div>
  <!--根据选择的条件获取相应条件下的商品评价信息-->
  <div class="ratingselect">
    <div class="rating-type border-1px">
      <!--使用 v-on 指令监听并处理单击事件，使用户选择不同的商品评价类型后，获取相应条件下的商品评价信息；使用 v-bind 指令为 class 属性绑定数据，动态切换标签<span>的样式-->
      <span class="block1 positive" @click="select(2)" :class="{'select-color':selectType===2}">全部
        <span class="count">{{ratings.length}}</span>
      </span>
      <span class="block2 positive" @click="select(0)" :class="{'select-color':selectType===0}">满意
        <span class="count">{{positive.length}}</span>
      </span>
      <span class="block3 negative" @click="select(1)" :class="{'select-color1':selectType===1}">吐槽
        <span class="count">{{negative.length}}</span>
      </span>
    </div>
    <div class="switch">
      <i class="iconfont icon-gou" :class="{'on':active}" @click="colorChange"></i>
      <span class="text-rate">只看有内容的评价</span>
    </div>
  </div>
  <!--显示商品评价信息-->
  <div class="rating-wrapper border-1px">
    <ul class="rate-ul">
      <!--使用 v-for 指令循环渲染商品评价信息-->
      <li v-for="rating in ratings" class="rating-item" v-show="ifShow(rating.rateType,rating.text)">
        <div class="avater">
          <img src="../assets/user.png" class="rate-img" />
```

```
          </div>
          <div class="content">
            <h1 class="name">{{rating.username}}</h1>
            <div class="star-wrapper-item">
              <div class="star-24">
                <div class="star-item">
                  <span v-for="itemClass in itemClasses(rating.score)
" :class="itemClass"></span>
                </div>
              </div>
              <span class="delivery-24" v-show="rating.deliveryTime
">{{rating.deliveryTime}}分钟</span>
            </div>
            <p class="item-text">{{rating.text}}</p>
            <div  class="recommend"  v-show="rating.recommend&&
rating.recommend.length">
              <i class="item-iconfont icon-damuzhi"></i>
              <span class="item" v-for="item in rating:recommend
">{{item}}</span>
            </div>
            <div class="time">{{rating.rateTime}}</div>
          </div>
        </li>
      </ul>
    </div>
  </div>
</div>
```

步骤 6 在<script>标签中定义商品评价模块的行为和逻辑，代码如下。

```
import data from '../assets/json/data.json'//导入商品评价的数据
import {computed,ref} from 'vue'
const CLS_ON='star-item-on-24'                    //有填充颜色的星星
const CLS_HALF='star-item-half-24'                //颜色填充一半的星星
const CLS_OFF='star-item-off-24'                  //没有填充颜色的星星
const LENGTH=5                                    //共显示 5 颗星星
const active=ref(false)
const selectType=ref(2)        //选择显示的商品评价类型，默认为全部
const onlyContent=ref(false)//是否只查看有内容的评价，默认为 false
```

```
const ratings=ref(data.ratings)                    //商品评价的数据
//获取 5 颗星星的样式
const itemClasses=(num)=>{
  let result=[]
  let score=Math.floor(num*2)/2
  let hasDecimal=score%1!==0
  let integer=Math.floor(score)
  for (let i=0;i<integer;i++){result.push(CLS_ON)}
  if(hasDecimal){result.push(CLS_HALF)}
  while(result.length<LENGTH){result.push(CLS_OFF)}
    return result
  }
//切换“只看有内容的评价”前面的形状的颜色
const colorChange=()=>{
  active.value=!active.value
  onlyContent.value=!onlyContent.value
}
//修改选择查看的商品评价类型
const select=(type)=>{selectType.value=type}
//计算对商品满意的商品评价
const positive=computed(()=>{
  return data.ratings.filter((rating)=>{
    return rating.rateType===0
  })
})
//计算对商品不满意的商品评价
const negative=computed(()=>{
  return data.ratings.filter((rating)=>{
    return rating.rateType===1
  })
})
//根据选择的商品评价类型，决定该条评价是否显示
const ifShow=(rateType,text)=>{
  if(onlyContent.value && !text){return false}
  if(selectType.value===2){
    return true
  }else{return rateType===selectType.value}
}
```

步骤 7 将本书配套素材“example\project3\CSS”中的“shopRate.css”文件复制到项目的“src\assets\CSS”目录下，然后将本书配套素材“example\project3”中的“fonts”文件夹复制到“src\assets”目录下，最后将单文件组件“ShopRate.vue”中的<style>标签修改为如下代码，为商品评价模块链接 CSS 样式。

```
<style src="../assets/CSS/shopRate.css" scoped></style>
```

步骤 8 在项目的“src”目录下打开“main.js”文件，将其内容修改为如下代码，切换页面中显示的组件。

```
import {createApp} from 'vue'
import App from './components/ShopRate.vue'
createApp(App).mount('#app')
```

步骤 9 保存文件，并在命令提示符窗口中运行项目。

步骤 10 启动浏览器，访问“http://localhost:5173/”，商品模块的页面效果如图 3-19 所示。

步骤 11 切换至命令提示符窗口，按“Ctrl+C”组合键，停止运行项目。

项目实训

1．实训目的

（1）掌握 v-for 指令的用法。

（2）掌握 v-bind 指令的用法。

（3）掌握 v-on 指令的用法。

（4）掌握 v-model 指令的用法。

2．实训内容

制作编程学习网站的导航模块，效果如图 3-20 所示。

图 3-20 导航模块的页面效果

（1）使用 VS Code 编辑器打开本书配套素材“example\project3”中的 study 项目。

（2）打开项目的“src\components”目录下的单文件组件“Main.vue”。

（3）在<template>标签中，为 id 为“li-all”的<li>标签添加 v-on 和 v-bind 指令。使用 v-on 指令监听并处理单击事件，绑定内联事件处理器 changeMenu(value)（此处 value 的值为 0，表示全部类型），实现单击后，修改 selectedType（当前选中的教程类型）的值为 0；使用 v-bind 指令实现当 selectedType 的值为 0 时，为 class 属性添加类“text-color”。

提 示

study 项目需要的数据在“src\assets\json”目录下的“list.json”文件中，查看此文件可以了解数据的结构，如图 3-21 所示。

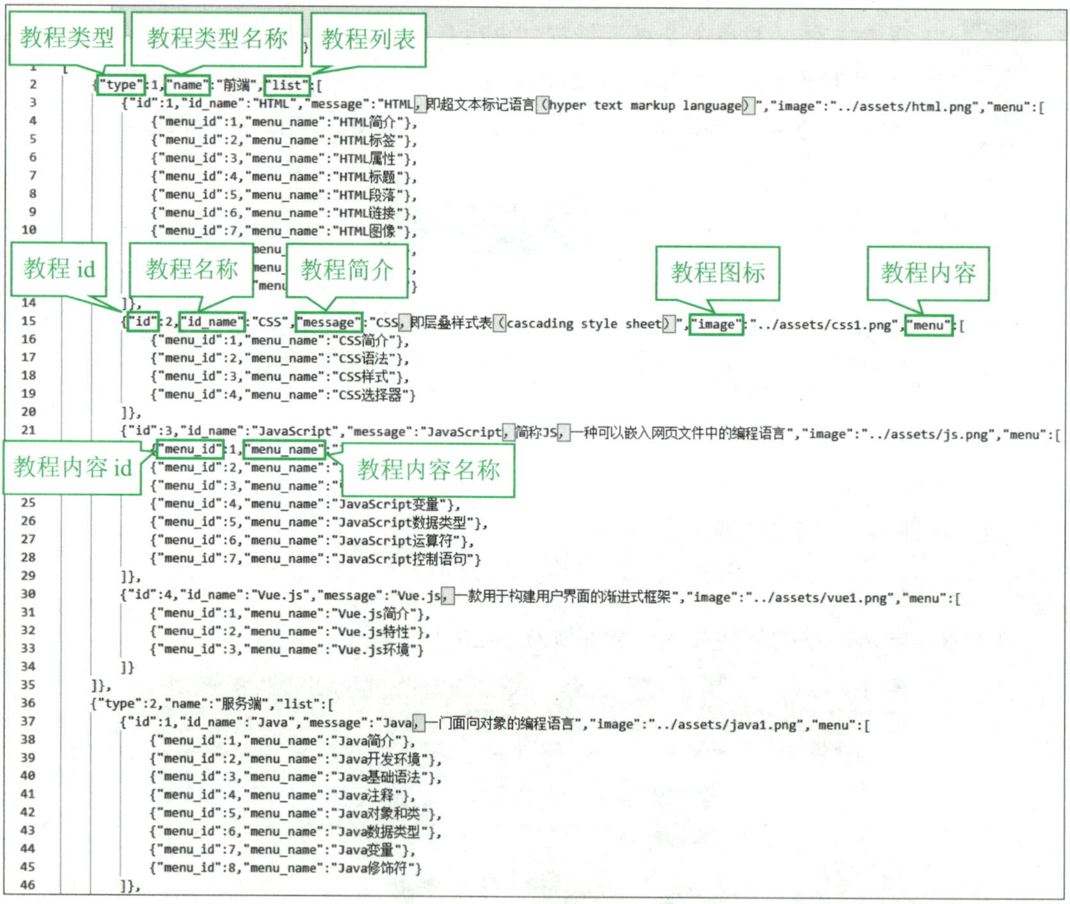

```
[
    {"type":1,"name":"前端","list":[
        {"id":1,"id_name":"HTML","message":"HTML，即超文本标记语言（hyper text markup language）","image":"../assets/html.png","menu":[
            {"menu_id":1,"menu_name":"HTML简介"},
            {"menu_id":2,"menu_name":"HTML标签"},
            {"menu_id":3,"menu_name":"HTML属性"},
            {"menu_id":4,"menu_name":"HTML标题"},
            {"menu_id":5,"menu_name":"HTML段落"},
            {"menu_id":6,"menu_name":"HTML链接"},
            {"menu_id":7,"menu_name":"HTML图像"},
            ...
        ]},
        {"id":2,"id_name":"CSS","message":"CSS，即层叠样式表（cascading style sheet）","image":"../assets/css1.png","menu":[
            {"menu_id":1,"menu_name":"CSS简介"},
            {"menu_id":2,"menu_name":"CSS语法"},
            {"menu_id":3,"menu_name":"CSS样式"},
            {"menu_id":4,"menu_name":"CSS选择器"}
        ]},
        {"id":3,"id_name":"JavaScript","message":"JavaScript，简称JS，一种可以嵌入网页文件中的编程语言","image":"../assets/js.png","menu":[
            {"menu_id":1,"menu_name":"
            {"menu_id":2,"menu_name":"
            {"menu_id":3,"menu_name":"
            {"menu_id":4,"menu_name":"JavaScript变量"},
            {"menu_id":5,"menu_name":"JavaScript数据类型"},
            {"menu_id":6,"menu_name":"JavaScript运算符"},
            {"menu_id":7,"menu_name":"JavaScript控制语句"}
        ]},
        {"id":4,"id_name":"Vue.js","message":"Vue.js，一款用于构建用户界面的渐进式框架","image":"../assets/vue1.png","menu":[
            {"menu_id":1,"menu_name":"Vue.js简介"},
            {"menu_id":2,"menu_name":"Vue.js特性"},
            {"menu_id":3,"menu_name":"Vue.js环境"}
        ]}
    ]},
    {"type":2,"name":"服务端","list":[
        {"id":1,"id_name":"Java","message":"Java，一门面向对象的编程语言","image":"../assets/java1.png","menu":[
            {"menu_id":1,"menu_name":"Java简介"},
            {"menu_id":2,"menu_name":"Java开发环境"},
            {"menu_id":3,"menu_name":"Java基础语法"},
            {"menu_id":4,"menu_name":"Java注释"},
            {"menu_id":5,"menu_name":"Java对象和类"},
            {"menu_id":6,"menu_name":"Java数据类型"},
            {"menu_id":7,"menu_name":"Java变量"},
            {"menu_id":8,"menu_name":"Java修饰符"}
        ]},
```

图 3-21 部分数据内容

（4）为 id 为“li-list”的<li>标签添加 v-for、v-on 和 v-bind 指令。使用 v-for 指令实现根据数组 list（JavaScript 中导入的教程数据）循环渲染<li>标签，并使用双大括号为<li>

标签中的<span>标签绑定教程类型名称；使用 v-on 指令监听并处理单击事件，绑定内联事件处理器 changeMenu(value)（此处传递的 value 的值为教程类型），实现单击后，修改 selectedType 的值为当前教程类型；使用 v-bind 指令实现当 selectedType 的值为当前教程类型时，为 class 属性添加类“text-color”。

（5）为 id 为“input”的<input>标签添加 v-model 指令，绑定数据“select”。

（6）为 id 为“select”的<button>标签添加 v-on 指令，监听并处理单击事件，绑定方法事件处理器 selectItem，实现单击按钮后，在页面显示搜索的相关教程。

（7）为 id 为“li-right”的<li>标签添加 v-for、v-bind 和 v-show 指令。使用 v-for 指令实现根据数组 list 循环渲染<li>标签，并使用双大括号为<li>标签中的<h1>标签绑定教程类型名称；使用 v-bind 指令为 key 属性绑定教程类型；使用 v-show 指令实现根据 menuShow(type)的值决定是否显示<li>标签，传递的参数 type 的值为教程类型。

（8）为 id 为“li-item”的<li>标签添加 v-for 和 v-show 指令。使用 v-for 指令实现根据教程列表循环渲染<li>标签，并使用双大括号为<li>标签中的<h3>标签和<p>标签绑定教程名称和教程简介，接着为<li>标签中的<img>标签添加 v-bind 指令为 src 属性绑定方法 geturl(img)，传递的参数 img 的值为教程图标；使用 v-show 指令实现根据 ifShow(type,id)的值决定是否显示<li>标签，传递的参数 type 的值为教程类型，id 的值为教程 id。

（9）修改项目的“src”目录下的“main.js”文件，切换页面中显示的组件。

（10）保存文件并运行项目，查看导航模块的页面效果。

3. 实训小结

按要求完成实训内容，并将实训过程中遇到的问题和解决办法记录在表 3-6 中。

表 3-6 实训过程中遇到的问题和解决办法

序号	主要问题	解决办法
1		
2		
3		
4		
5		

项目总结

完成本项目的学习与实践后，请总结应掌握的重点内容，并将图 3-22 的空白处填写完整。

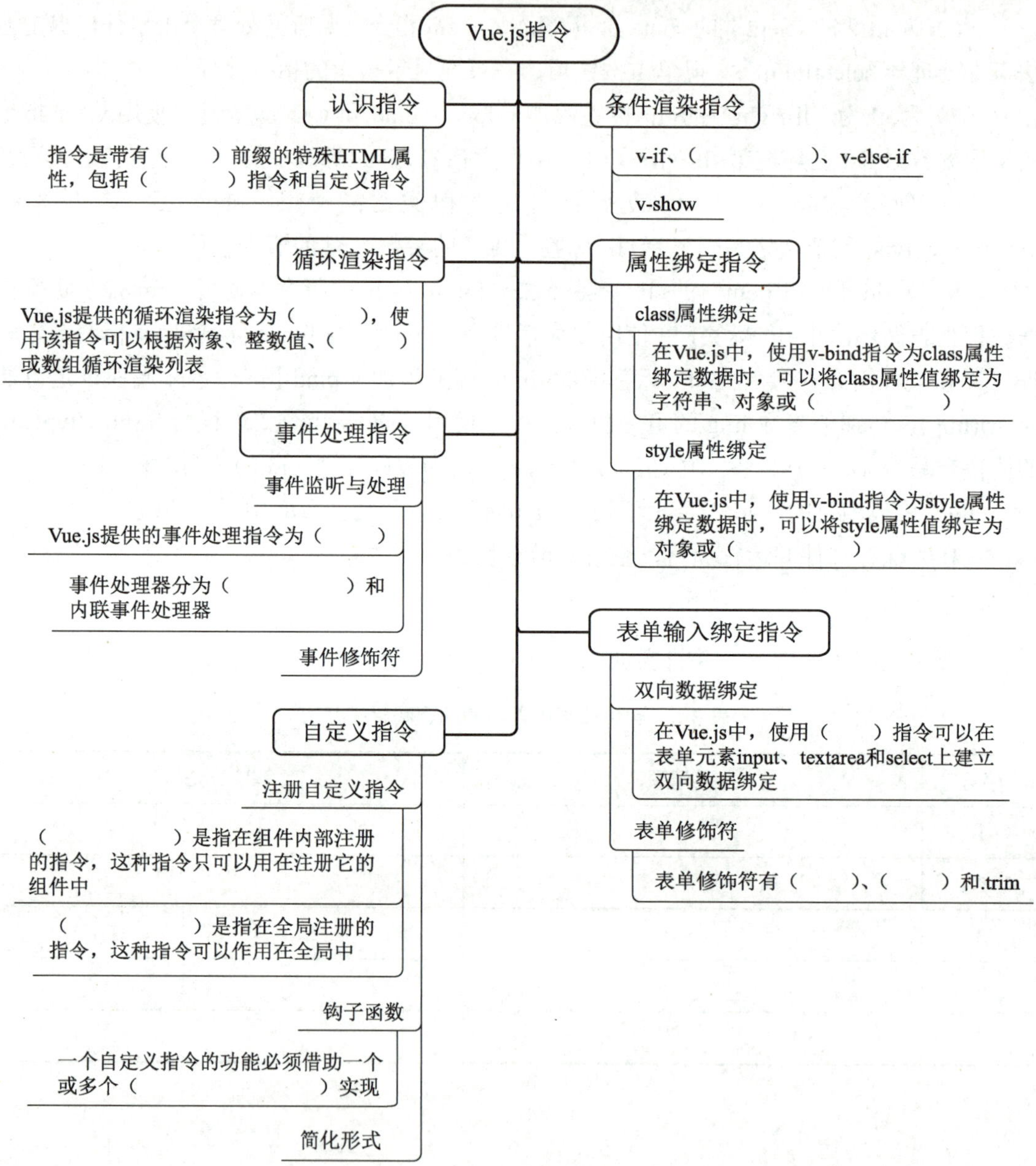

图 3-22　项目总结

项目考核

1. 选择题

（1）v-else-if 指令依附的元素必须紧跟在（　　）指令依附的元素后面。

A. v-else　　B. v-on　　C. v-if　　D. v-bind

（2）（　　）指令是通过为元素添加或移除“display:none”样式来控制元素的显示与隐藏的。

A. v-if　　B. v-show　　C. v-else　　D. v-else-if

（3）使用 v-for 指令不可以根据（　　）循环渲染列表。

A. 指针　　B. 整数值　　C. 对象　　D. 数组

（4）使用 v-bind 指令为 class 属性绑定数据时，不可以将 class 属性值绑定为（　　）。

A. 字符串　　B. 对象　　C. 数组　　D. 整数值

（5）在 Vue.js 中，使用（　　）指令可以在表单元素 input、textarea 和 select 上建立双向数据绑定。

A. v-model　　B. v-on　　C. v-bind　　D. v-show

（6）全局自定义指令是指在全局注册的指令，这种指令可以用在全局中，其注册方法是使用实例的（　　）方法。

A. mount()　　B. directive()　　C. setup()　　D. computed()

2. 判断题

（1）指令是带有“v-”前缀的特殊 HTML 属性。（　　）

（2）v-else 指令依附的元素只能紧跟在 v-if 指令依附的元素后面。（　　）

（3）使用 v-bind 指令为 style 属性绑定数据时，可以将 style 属性值绑定为对象或数组。（　　）

（4）使用 v-model 指令在复选框上建立双向数据绑定时，v-model 指令绑定的变量的数据类型只能是数组。（　　）

（5）使用 v-model 指令对单行文本框进行双向数据绑定时，如果要自动过滤用户输入的首尾空白字符，可以给 v-model 指令添加.lazy 修饰符。（　　）

（6）Vue.js 提供的事件处理指令为 v-on，当事件触发时，系统会执行事件处理器对应的 JavaScript 代码来处理事件，从而实现用户与网页之间的交互。（　　）

（7）根据作用域的不同，可以将自定义指令分为局部自定义指令和全局自定义指令两类。（　　）

3．操作题

使用 Vue.js 编程实现学生信息的显示与查询，其中根据学号查询学生信息，页面效果如图 3-23 所示。

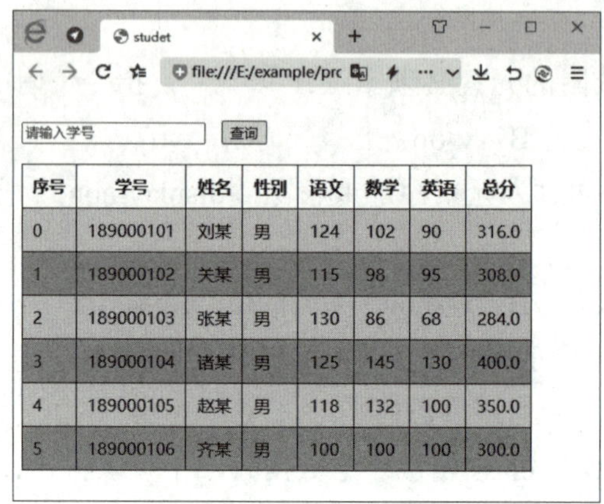

图 3-23　学生信息页面

项目评价

请学生结合本项目的学习情况，对学习成果进行自评和互评（组内成员相互评分），请指导教师进行师评和总评，并将评价结果填入表 3-7 中。

表 3-7　学习成果评价表

评价项目	评价内容	评价分数			
		分值	自评	互评	师评
项目完成度（20%）	项目准备阶段，回答问题清晰准确，紧扣主题，没有明显错误	5 分			
	项目实施阶段，根据操作步骤完成本项目	5 分			
	项目实训阶段，出色地完成实训内容	5 分			
	项目总结阶段，正确地将项目总结的空白信息补充完整	2 分			
	项目考核阶段，正确地完成考核题目	3 分			
知识（25%）	指令的概念	5 分			
	常用内置指令的使用方法	15 分			
	自定义指令的使用方法	5 分			

（续表）

评价项目	评价内容	评价分数			
		分值	自评	互评	师评
技能（40%）	使用条件渲染指令有条件地渲染元素	7 分			
	使用循环渲染指令循环渲染列表	7 分			
	使用属性绑定指令动态更改元素的样式	7 分			
	使用事件处理指令实现用户与页面之间的交互	7 分			
	使用表单输入绑定指令在表单元素上建立双向数据绑定	7 分			
	定义并使用自定义指令	5 分			
素养（15%）	具有自主学习意识，做好课前准备	5 分			
	善于思考，积极参与，勇于提出问题	5 分			
	具有团队合作精神，出色完成小组任务	5 分			
合计		100 分			
总评	综合得分：____________	指导教师签字：____________			
	综合等级：____________				

注：综合得分可按照“自评（25%）+互评（25%）+师评（50%）”进行计算；综合等级可以“优”（综合得分≥90 分）、“良”（80 分≤综合得分＜90 分）、“中”（60 分≤综合得分＜80 分）、“差”（综合得分＜60 分）为标准进行评价。

项目4

Vue.js 组件

项目目标

知识目标

- 掌握组件的定义、注册和使用方法。
- 掌握组件之间数据传递的方法。
- 掌握插槽的使用方法。
- 掌握定义动态组件和实现组件缓存的方法。
- 了解组件的生命周期。

技能目标

- 能够定义、注册和使用组件。
- 能够实现组件之间的数据传递。
- 能够使用插槽分发模板内容。
- 能够动态切换组件。

素养目标

- 能够提炼知识的核心要点，提升归纳总结的能力。
- 养成多学多做的良好习惯，提升动手实践的能力。

项目描述

一个网站可以包含多个页面，一个页面可以由多个相对独立的模块组成。在 Vue.js 中，可以使用组件实现各个模块对应的功能，然后将这些模块组装成一个完整的页面。

订餐系统中商品订购模块的逻辑比较复杂，在展示商品列表的同时，还需要实现添加商品至购物车中、删减购物车中的商品、查看购物车中的商品等功能。商品订购模块可以分为购物车和商品列表两个小模块，小刘决定使用组件制作订餐系统的商品订购模块。

项目分析

订餐系统的商品订购模块包含购物车模块和商品列表模块。

（1）制作订餐系统的购物车模块，需要先在项目中新建一个单文件组件，并构建组件的基本框架；然后在组件中定义购物车模块的相关内容，其中通过声明数据接收父组件（商品列表模块）传递的数据，通过声明自定义事件和触发自定义事件向父组件传递数据。

（2）制作订餐系统的商品列表模块，需要先在项目中新建一个单文件组件，并构建组件的基本框架；然后在组件中定义商品列表模块的相关内容，其中使用 import 语句导入子组件（购物车模块），使用 v-bind 指令向子组件传递数据，通过监听子组件的自定义事件接收子组件传递的数据；最后查看商品订购模块的页面效果。

为了顺利完成订餐系统商品订购模块的制作，本项目将对相关知识进行介绍，主要包括认识组件、组件的定义方式、组件的注册和使用、组件之间的数据传递、插槽、动态组件、组件的生命周期。

项目准备

全班学生以 3～5 人为一组进行分组，各组选出组长。组长组织组员扫码观看“Vue.js 的组件”视频，讨论并回答下列问题。

问题 1：Vue.js 组件是什么？

问题 2：Vue.js 组件有哪些优点？

Vue.js 的组件

4.1 认识组件

组件是 Vue.js 中的核心概念之一，它是可复用的代码块，用于构建网页。组件主要包括 3 部分：模板（template）、逻辑（script）和样式（style）。

- 模板：组件的 HTML 结构，用于定义组件的页面结构和内容。
- 逻辑：组件的 JavaScript 代码，用于定义组件的行为和逻辑。
- 样式：组件的 CSS 样式，用于定义组件的样式。

模板是组件的必要组成部分，逻辑和样式是可选组成部分。创建 Vue.js 实例时传入 createApp()函数的组件称为根组件。组件可以嵌套在其他组件中，形成组件树，如图 4-1 所示。

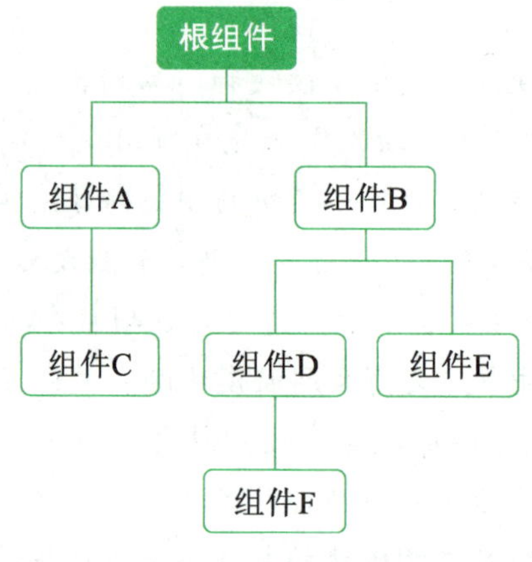

图 4-1　组件树

直接嵌套在其他组件中的组件称为子组件，直接包含子组件的组件称为父组件。例如，图 4-1 中，组件 A 是组件 C 的父组件，组件 C 是组件 A 的子组件。直接或间接嵌套在其他组件中的组件都称为后代组件，包含后代组件的组件称为祖先组件。例如，图 4-1 中，组件 B 是组件 D、组件 E 和组件 F 的祖先组件，组件 D、组件 E 和组件 F 是组件 B 的后代组件。在 Vue.js 项目中，后缀为“.vue”的文件称为单文件组件。

通过组件，开发人员可以将复杂的应用程序拆分为多个独立的、可维护的代码块，从而提高代码的可读性和可重用性，同时提高开发效率。

4.2 组件的定义方式

在 HTML 文件和 Vue.js 项目中，组件的定义方式不同。

4.2.1 在 HTML 文件中定义组件

在 HTML 文件中，以一个包含 Vue.js 特定选项的 JavaScript 对象来定义组件，语法格式如下。

```
<script>
  //定义组件
  const 组件名={
    template:'…',          //在该选项中定义组件的模板
    setup(){…}             //在该函数中定义组件的逻辑
  }
<script>
<style>
  /*此处定义组件的样式*/
</style>
```

其中，组件的模板内容直接写在 template 选项中。

在 HTML 文件中定义组件时，也可以将组件的模板内容写在具有 id 属性的<template>标签中，然后在 template 选项中通过 id 选择器名指向该标签，语法格式如下。

```
<!--在该标签中编写组件的模板-->
<template id="id选择器名">…</template>
<script>
  const 组件名={
    template:'id选择器名',//通过id选择器名指向含有组件模板内容的标签
    setup(){…}
  }
<script>
<style>…</style>
```

在 HTML 文件中定义根组件时，可以先使用上述两种方式定义组件，然后将组件传入 createApp()函数中作为根组件；也可以直接在 createApp()函数中定义根组件；还可以在 createApp()函数中定义根组件的逻辑，在挂载容器中定义根组件的模板。

【例 4-1】 定义组件，在页面显示“Hello Vue.js”，代码如下。（实例位置：example\project4\4-1.html）

```
<div id="hello-vue" style="text-align:center;">
</div>
<script>
  //定义组件Hello
  const Hello={
    //组件的模板
```

```
    template:'<h1>{{message}}</h1>',
    //组件的逻辑
    setup(){
      const message='Hello Vue.js'
      return {message}
    }
  }
  //创建实例 HelloVueApp
  const HelloVueApp=Vue.createApp(Hello)
  //将实例挂载到 id 为 hello-vue 的 HTML 元素上
  HelloVueApp.mount('#hello-vue')
</script>
```

对比项目 2 中示例 2-1 的代码可以发现，本例中根组件 Hello 的模板和逻辑与示例 2-1 中根组件的一样，但是编写方式不同。本例先定义一个组件 Hello（包括组件的模板和逻辑），然后将组件传入 createApp()函数中作为根组件，最后进行实例挂载；示例 2-1 是直接在 createApp()函数中定义根组件的逻辑，并省略 template，在挂载容器中定义根组件的模板。

知识库 •••

Vue.js 3 支持组合式 API 和选项式 API 两种编程风格。

组合式 API 是一种函数式编程风格，将组件逻辑中的数据、方法、计算属性、侦听器等代码全部组合在一起，写在 setup()函数中，语法格式如下。

```
setup(){
  const 数据名=数据值                              //定义数据
  const 方法名=()=>{…}                            //定义方法
  const 计算属性名=Vue.computed(()=>{…})          //定义计算属性
  Vue.watch(…)                                   //定义侦听器
  return {数据名,方法名,计算属性名}
}
```

选项式 API 是一种面向对象编程风格，使用不同的选项定义组件逻辑中的数据、方法、计算属性、侦听器等，语法格式如下。

```
data(){return{…}},                               //定义数据
methods:{…},                                     //定义方法
computed:{…},                                    //定义计算属性
watch:{…}                                        //定义侦听器
```

选项式 API 是在组合式 API 的基础上实现的，Vue.js 的相关知识在它们之间都是通用的。本书使用组合式 API 编写组件逻辑部分的代码，读者可以根据需要选择合适的编程风格。

4.2.2 在 Vue.js 项目中定义组件

在 Vue.js 项目中，以单文件组件的形式来定义组件。Vue.js 为单文件组件的逻辑部分提供了 setup 语法糖，用于简化组合式 API 的代码。使用了 setup 语法糖的单文件组件的语法格式如下。

```
<template>
  <!--此处定义组件的模板-->
</template>
<script setup>
  //此处定义组件的逻辑，其中可以使用 import 语句导入所需函数
</script>
<style>
  /*此处定义组件的样式*/
</style>
```

在 Vue.js 项目中，单文件组件的逻辑部分也可以不使用 setup 语法糖，语法格式如下。

```
<script>
  //此处可以使用 import 语句导入所需函数
  export default{
    setup(){
      //此处定义组件的逻辑
    }
  }
</script>
```

提 示

为了简化组件逻辑部分的代码，本书单文件组件的逻辑部分都使用了 setup 语法糖。

4.3 组件的注册和使用

定义一个组件后，就可以注册并使用这个组件了。

4.3.1 组件注册

在 Vue.js 中，组件的注册方式有两种，一种是全局注册，另一种是局部注册。

1. 全局注册

全局注册是指在 Vue.js 应用中注册组件。全局注册的组件称为全局组件，可以在 Vue.js

应用的任何地方使用。在 Vue.js 中，可以使用实例的 component()方法全局注册组件，语法格式如下。

```
//app 为 Vue.js 实例
app.component('注册的组件名',定义的组件名)
```

如果是在 Vue.js 项目中，可以在程序入口文件中使用同样的方法全局注册导入的单文件组件。

提 示

在定义和注册组件时，采用帕斯卡命名法（PascalCase），即名称中每个单词首字母大写且单词之间直接相连，如 Child、ChildA 等。此外，注册的组件名和定义的组件名通常设置成一样的。

2. 局部注册

局部注册是指在某个组件中注册组件。局部注册的组件称为局部组件，只能在当前组件中使用。例如，在组件 B 中注册了组件 A，则只能在组件 B 中使用组件 A。在 Vue.js 中，可以使用 components 选项注册局部组件，语法格式如下。

```
const 组件 A={…}                          //定义组件 A
//定义组件 B，并在其中注册组件 A
const 组件 B={
  component:{
    注册的组件名:组件 A
  }
}
```

在使用了 setup 语法糖的单文件组件中，使用 import 语句导入的组件可以直接在模板中使用，不需要注册。

4.3.2 组件使用

在完成组件注册后，就可以在模板中使用组件了。使用方法是将注册的组件写成标签，标签名需要和注册的组件名对应。

在 HTML 文件中，对应组件的标签名使用短横线分隔命名法（kebab-case），而且标签必须为双标签，示例代码如下。

```
<!--注册的组件名为 ComponentA-->
<component-a></component-a>
```

在单文件组件或 JavaScript 字符串中，对应组件的标签名可以使用 kebab-case 和 PascalCase 两种方式命名，标签可以为双标签也可以为单标签。使用 PascalCase 方式命名标签的示例代码如下。

```
<!--注册的组件名为 ComponentA-->
<ComponentA></ComponentA>
<!--单标签-->
<ComponentA />
```

示例 4-1　注册并使用组件

定义一个组件并进行全局注册，然后使用该组件。（示例位置：example\project4\case4-1.html）

新建文件“case4-1.html”，并构建网页基本框架，然后在<body>标签中输入如下代码。

```
<div id="app">
  <!--使用组件 Child-->
  <child></child>
</div>
<script>
  //定义组件 Child
  const Child={
    //定义组件的模板
    template:'<button @click="onClick">按钮</button>',
    //定义组件的逻辑
    setup(){
      const onClick=()=>{alert('这是一个自定义组件！')}
      return {onClick}
    }
  }
  const App=Vue.createApp()
  App.component('Child',Child)            //注册全局组件 Child
  App.mount('#app')
</script>
```

使用浏览器打开网页文件，单击“按钮”按钮，页面效果如图 4-2 所示。

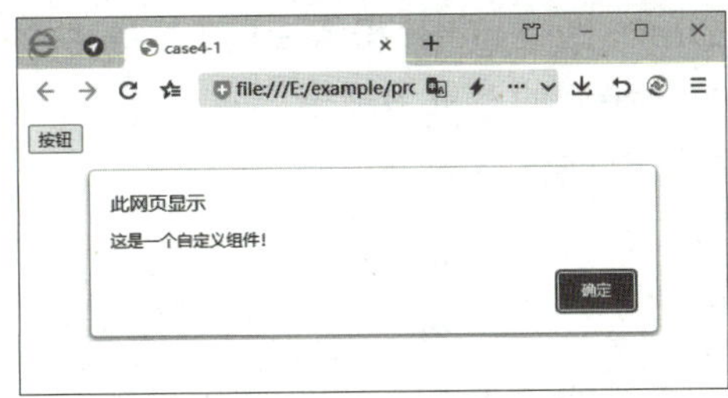

图 4-2　单击“按钮”按钮后的页面效果

4.4 组件之间的数据传递

在复杂的 Vue.js 项目中，组件之间往往需要传递数据，以实现更加复杂的功能。

4.4.1 父组件向子组件传递数据

父组件正向地向子组件传递数据，子组件接收到数据后会渲染元素内容或执行某个操作。实现这种数据传递需要先在子组件中声明从父组件接收的数据，然后在父组件中传递数据。

1. 在子组件中声明数据

声明数据时可以根据需要设置数据校验，声明数据后可以在模板和逻辑中使用数据。

（1）在 HTML 文件的子组件中声明数据。

使用 props 选项声明从父组件接收的数据，props 选项的值可以是字符串数组或对象，语法格式如下。

```
//props 选项的值为字符串数组
props:['数据名 1','数据名 2',…],
//props 选项的值为对象
props:{
  数据名 1:数据类型,
  数据名 2:数据类型,
  …
}
```

其中，当 props 选项的值为对象时，数据类型的首字母需要大写。例如，要接收一个 number 类型的数据 num，则可以写为“num:Number”。

（2）在使用了 setup 语法糖的单文件组件中声明数据。

使用 defineProps()方法声明从父组件接收的数据，defineProps()方法接收的参数同样可以是字符串数组或对象，语法格式如下。

```
//defineProps()方法接收的参数为字符串数组
const props=defineProps(['数据名 1','数据名 2',…])
//defineProps()方法接收的参数为对象
const props=defineProps({
  数据名 1:数据类型,
  数据名 2:数据类型,
  …
})
```

（3）校验传递的数据。

当子组件对传递的数据有要求时，就需要将 props 选项的值或 defineProps()方法的参数设置为对象，以校验传递的数据，语法格式如下。

```
props:{
  数据名:Number,                              //单一数据类型检查
  数据名:[String,Number],                     //多种可能的数据类型
  数据名:{type:String,required:true},         //必传数据，数据类型为 string
  数据名:{type:Number,default:100},           //带有默认值的数字
  数据名:{                                    //带有默认值的对象
    type:Object,
    default(){
      return {message:'数据'}
    }
  }
}
```

校验选项中的 type 可以是 String、Number、Boolean、Array、Object、Date、Function 和 Symbol 等类型。如果传递的数据不满足要求，Vue.js 会在浏览器控制台中抛出警告来提醒用户。

（4）使用接收的数据。

在子组件中声明从父组件接收的数据后，就可以在模板中输出数据，示例代码如下。

```
<!--HTML-->
<h1>{{msg}}</h1>
//JavaScript
props:['msg']
```

在 HTML 文件子组件的逻辑中使用接收的数据，需要先将 props 作为第 1 个参数传入 setup()函数中，然后再获取具体的数据，示例代码如下。

```
setup(props){
  console.log(props.数据名)
}
```

在使用了 setup 语法糖的单文件组件中，可以直接在组件的逻辑中使用“props.数据名”获取具体的数据。

2. 在父组件中传递数据

父组件向子组件传递数据时，可以通过在父组件中为子组件标签添加属性的方式实现。数据类型不同，传递数据的语法格式也略有不同。

（1）传递字符串类型的静态数据，语法格式如下。

```
<子组件标签名 数据名 1="数据值 1" 数据名 2="数据值 2" …></子组件标签名>
```

例如，向子组件 Child 传递字符串静态数据 message，数据值为“Hello，Vue.js”，示例代码如下。

```
<child message="Hello, Vue.js"></child>
```

（2）传递数字类型、布尔类型、数组类型、对象类型的静态数据和任意类型的动态数据时，需要使用 v-bind 指令或其简写形式为子组件标签绑定数据，语法格式如下。

```
<子组件标签名 :数据名1="数据值1" :数据名2="数据值2" …></子组件标签名>
```

其中，当数据值为静态数据时，数据值会被识别为一个表达式，子组件接收数据的数据类型为静态数据的数据类型；当数据值为动态数据时，数据值为父组件中定义的数据名或含有数据名的表达式，当父组件的数据发生变化时，传递给子组件的数据也会发生变化。

传递布尔类型的静态数据时，可以只传递数据名，数据值默认为 true，语法格式如下。

```
<子组件标签名 数据名></子组件标签名>                //数据值默认为 true
```

父组件要向子组件传递多个具体数据时，可以使用一个对象定义多个数据，使用 v-bind 指令作为属性名为子组件标签绑定数据，语法格式如下。

```
<子组件标签名 v-bind="对象名"></子组件标签名>
```

其中，对象名为父组件中定义的对象，该对象中的每个属性都对应一个数据，即对象中有多少个属性，父组件就向子组件传递了多少个数据。

提 示

props 选项遵循单向绑定原则，父组件的数据发生变化后，子组件中 props 的值都会更新为最新值，反之则不会。

示例 4-2　实现父组件向子组件传递数据

在子组件中声明从父组件接收的数据，在父组件中将数据传递给子组件。（示例位置：example\project4\case4-2.html）

新建文件“case4-2.html”，并构建网页基本框架，然后在<body>标签中输入如下代码。

```
<!--挂载容器，其中的内容是根组件（父组件）的模板内容-->
<div id="app">
  <!--使用子组件 Child，不传递数据，显示子组件的默认值-->
  <p>子组件的默认<child></child></p>
  父组件向子组件传递的内容：<input v-model="msg" />
  <!--向子组件传递动态数据 message 和 len-->
  <p>父组件向子组件传递数据后，子组件的<child :message="msg" :len="
msg.length"></child></p>
</div>
<script>
```

```
  //子组件 Child
  const Child={
    //在子组件 Child 中声明数据
    props:{
      //校验传递的数据 message 是否为 string 类型，并设置默认值
      message:{type:String,default:"Hello,Vue.js"},
      //校验传递的数据 len 是否为 number 类型，并设置默认值
      len:{type:Number,default:12}
    },
    template:'<span>内容：{{message}}；长度：{{len}}</span>',
  }
  const App=Vue.createApp(
    //根组件（父组件）的逻辑内容
    {
      setup(){
        const msg=Vue.ref('')
        return {msg}
      }
    }
  )
  App.component('Child',Child)              //注册全局组件 Child
  App.mount('#app')
</script>
```

使用浏览器打开网页文件，并在单行文本框中输入“你好，Vue.js”，页面效果如图 4-3 所示。

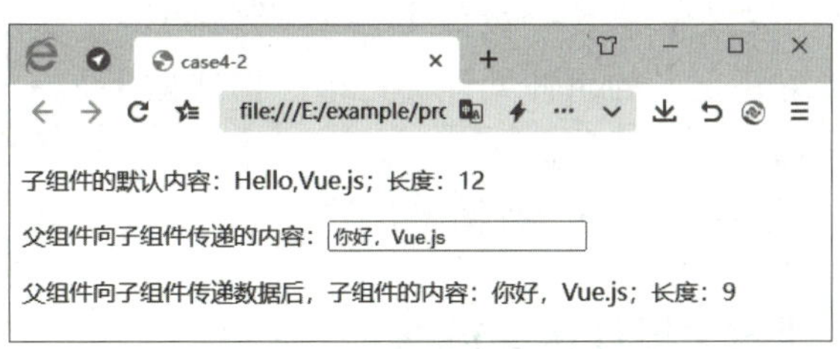

图 4-3　父组件向子组件传递数据的页面效果

4.4.2　子组件向父组件传递数据

在 Vue.js 中，子组件也可以向父组件传递数据。子组件向父组件传递数据通过自定义事件实现，需要在子组件中声明和触发自定义事件，在父组件中监听自定义事件。

1. 在子组件中声明自定义事件

在 HTML 文件的子组件中，可以使用 emits 选项声明自定义事件，语法格式如下。

```
emits:['自定义事件名1','自定义事件名2',…]
```

在使用了 setup 语法糖的单文件组件中，可以使用 defineEmits()方法声明自定义事件，语法格式如下。

```
const emit=defineEmits(['自定义事件名1','自定义事件名2',…])
```

2. 在子组件中触发自定义事件

在子组件的模板中，可以使用$emit()方法触发自定义事件，语法格式如下。

```
<标签名 @click="$emit('自定义事件名',数据)"></标签名>
```

其中，$emit()方法的第 1 个参数为自定义事件的名称，第 2 个参数为需要传递的数据。若不需要传递数据，第 2 个参数可以省略。

在 HTML 文件子组件的逻辑中触发自定义事件时，需要向 setup()函数传入第 2 个参数，然后通过这个参数访问 emit()方法触发自定义事件，语法格式如下。

```
setup(props,ctx){
  ctx.emit('自定义事件名',数据)
}
```

在使用了 setup 语法糖的单文件组件的逻辑中，可以直接使用 emit()方法触发自定义事件，语法格式如下。

```
emit('自定义事件名',数据)
```

3. 在父组件中监听自定义事件

在父组件中，可以使用 v-on 指令或其简写形式“@”监听并处理子组件触发的事件，语法格式如下。

```
<子组件标签名 @自定义事件名="方法名"></子组件标签名>
```

其中，方法名是父组件定义的事件处理器，语法格式如下。

```
const 方法名=(value)=>{…}
```

其中，参数 value 为子组件传递的数据，若子组件没有传递数据可省略 value。

示例 4-3 实现子组件向父组件传递数据

在子组件中声明并触发自定义事件，在父组件中监听并处理自定义事件，实现单击按钮增大字号。（示例位置：example\project4\case4-3.html）

新建文件“case4-3.html”，并构建网页基本框架，然后在<body>标签中输入如下代码。

```
<!--挂载容器，其中的内容是根组件（父组件）的模板内容-->
<div id="app" style="text-align:center;">
```

```
    <h1 :style="{fontSize:size+'em'}">自定义事件</h1>
    <!--监听并处理自定义事件-->
    <child @larger="larger"></child>
  </div>
  <script>
    //子组件 Child
    const Child={
      emits:['larger'],                          //声明自定义事件
      template:'<button @click="add">增大字号</button>',
      setup(props,ctx){
        const add=()=>{
          ctx.emit('larger',1)                   //触发自定义事件
        }
        return {add}
      }
    }
    const App=Vue.createApp(
      //根组件（父组件）的逻辑内容
      {
        setup(){
          const size=Vue.ref(1)
          //定义事件处理的方法
          const larger=(value)=>{size.value+=value}
          return {size,larger}
        }
      }
    )
    App.component('Child',Child)           //注册全局组件 Child
    App.mount('#app')
  </script>
```

使用浏览器打开网页文件，初始页面效果如图 4-4 所示。单击“增大字号”按钮后的页面效果如图 4-5 所示。

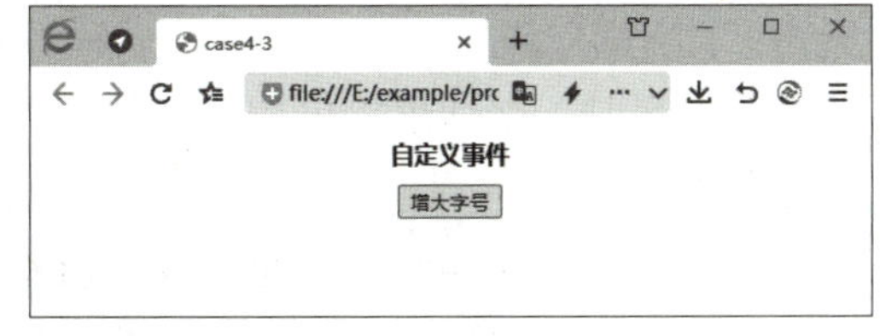

图 4-4　初始页面效果

图 4-5　单击“增大字号”按钮后的页面效果

4.4.3 跨级组件之间传递数据

实际开发过程中，会出现多层级嵌套的组件，形成一个巨大的组件树，有时某个深层的后代组件需要获取较远的祖先组件中的数据。这种情况下，如果仅使用 props 选项进行数据传递，祖先组件必须沿着组件链逐级将数据传递下去，这样会非常麻烦，并且会造成代码冗余。

Vue.js 提供了依赖注入的方式，用于实现跨级组件之间的数据传递。对于祖先组件，可作为依赖提供者，使用 provide()函数向后代组件提供数据；对于后代组件，无论层级多深，都可以使用 inject()函数注入祖先组件提供的数据。

1. 祖先组件提供数据

在祖先组件中，可以使用 provide()函数提供数据，语法格式如下。

```
Vue.provide(注入名,注入值)
```

其中，provide()函数接收两个参数，第 1 个参数是注入名，后代组件可以通过注入名查找期望注入的值；第 2 个参数是注入值，可以是任意类型，包括响应式数据。一个组件可以多次使用 provide()函数，使用不同的注入名，注入不同的值。

在使用了 setup 语法糖的单文件组件中，提供数据的语法格式如下。

```
import {provide} from 'vue'
provide(注入名,注入值)
```

需要注意的是，只能在提供数据的祖先组件的后代组件中使用提供的数据。在 Vue.js 中，还可以使用实例调用 provide()函数提供全局数据，全局数据可以在任意组件中使用，语法格式如下。

```
//app 为 Vue.js 实例
app.provide(注入名,注入值)
```

2. 后代组件注入数据

在后代组件中，可以使用 inject()函数注入祖先组件提供的数据，语法格式如下。

```
const 数据名=Vue.inject(注入名,默认值,布尔值)
```

其中，inject()函数提供了 3 个参数。

第 1 个参数是注入名，Vue.js 会遍历祖先组件，通过匹配注入名确定注入值。如果祖先组件链上有多个组件为同一个注入名提供了注入值，那么将会匹配距离后代组件最近的注入名。

第 2 个参数是默认值，是可选的。当没有匹配到注入名时，会使用提供的默认值。默认值可以是工厂函数，用于返回某些创建起来比较复杂的值。

第 3 个参数是布尔值，也是可选的。当参数值为 false 时，表示默认值为函数，但不是工厂函数；当参数值为 true 时，表示默认值为工厂函数；当省略该参数时，表示默认值

为其他类型的数据，不是函数。

在使用了 setup 语法糖的单文件组件中，注入数据的语法格式如下。

```
import {inject} from 'vue'
const 数据名=inject(注入名,默认值,布尔值)
```

示例 4-4 实现跨级组件之间传递数据

定义父组件和子组件，并将根组件作为祖先组件，在根组件中使用 provide()函数提供数据，在子组件中使用 inject()函数注入数据。（示例位置：example\project4\case4-4.html）

新建文件“case4-4.html”，并构建网页基本框架，然后在<body>标签中输入如下代码。

```
<!--挂载容器，其中的内容是根组件（祖先组件）的模板内容-->
<div id="app">
  <input v-model="message" />
  <parent></parent>
</div>
<script>
  //子组件 Child
  const Child={
    template:'<p>来自祖先组件的数据：{{message}}</p>',
    setup(){
      const message=Vue.inject('message')//注入祖先组件提供的数据
      return {message}
    }
  }
  //父组件 Parent
  const Parent={
    template:'<Child></Child>',
    components:{Child:Child}                //注册局部组件 Child
  }
  const App=Vue.createApp(
    //根组件（祖先组件）的逻辑内容
    {
      components:{Parent:Parent},
      setup(){
        const message=Vue.ref('Hello')
        Vue.provide('message',message)     //提供数据
        return {message}
```

```
        }
      }
    )
    App.mount('#app')
  </script>
```

使用浏览器打开网页文件，初始页面效果如图 4-6 所示。在单行文本框中输入“你好”后的页面效果如图 4-7 所示。

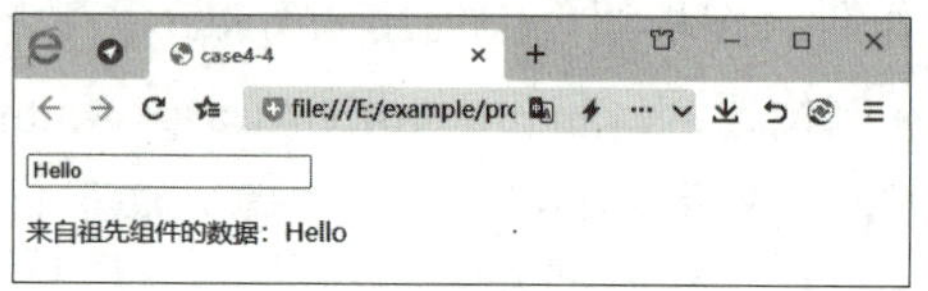

图 4-6　初始页面效果

图 4-7　在单行文本框中输入内容后的页面效果

4.5 插槽

在 Vue.js 中，插槽是一种强大的机制，它允许父组件将模板内容分发到子组件的特定位置，从而实现组件的灵活性和可重用性。插槽可以视为子组件提供给父组件的一个占位符，父组件可以向这个占位符中填充任意合法的模板内容（如 HTML 元素、组件等），填充的模板内容会在子组件的占位符处进行页面渲染。其中，填充的模板内容可以理解为插槽内容。

在 Vue.js 中，插槽主要有 3 种类型，分别为默认插槽、具名插槽和作用域插槽。这 3 种插槽的使用方法主要包括在子组件中使用<slot>标签定义插槽，在父组件中定义插槽内容。下面进行详细介绍。

4.5.1 默认插槽

默认插槽是指在子组件中定义的没有指定名称的插槽。父组件可以直接在子组件标签内定义默认插槽的内容，这些内容会自动填充到子组件的默认插槽处。

1. 在子组件中定义默认插槽

在子组件中，可以直接使用<slot>标签定义默认插槽，语法格式如下。

```
<slot></slot>
```

在<slot>标签内，可以添加一些内容作为插槽的默认内容。若父组件没有提供插槽内容，插槽的默认内容则生效；若父组件提供了插槽内容，插槽的默认内容则不生效。

2. 在父组件中定义默认插槽的内容

在父组件中，可以直接在子组件标签内定义默认插槽的内容，语法格式如下。

```
<子组件标签名>
  <!--默认插槽的内容-->
</子组件标签名>
```

子组件标签内的所有内容会自动填充到子组件的默认插槽处，即代替子组件的<slot>标签及其默认内容。若子组件中没有定义默认插槽，则父组件提供的插槽内容会被丢弃。

4.5.2 具名插槽

具名插槽是指在子组件中定义的具有指定名称的插槽。父组件可以根据需要定义特定具名插槽的内容，并将这些内容填充到子组件的特定具名插槽处。在 Vue.js 中，需要在子组件中定义多个插槽时，可以使用具名插槽。

1. 在子组件中定义具名插槽

在子组件中，可以使用带有 name 属性的<slot>标签定义具名插槽，语法格式如下。

```
<slot name="插槽名"></slot>
```

其中，name 属性用于为插槽指定唯一的名称，以区分不同的插槽。

2. 在父组件中定义具名插槽的内容

在父组件中，可以在子组件标签内搭配使用<template>标签和 v-slot 指令定义具名插槽的内容，语法格式如下。

```
<子组件标签名>
  <template v-slot:插槽名>…</template>
</子组件标签名>
```

父组件会根据插槽名将<template>标签内具名插槽的内容填充到子组件中相应的具名插槽处。

Vue.js 也提供了 v-slot 指令的简写形式，即将“v-slot:”替换为“#”，上述语法格式可简写为如下格式。

```
<子组件标签名>
  <template #插槽名>…</template>
</子组件标签名>
```

4.5.3 作用域插槽

在父组件中定义插槽内容时，可以访问父组件中的数据，但是无法访问子组件中的数据。在某些场景下，需要同时访问父组件和子组件中的数据，为此，Vue.js 提供了作用域插槽。

作用域插槽就是带数据的插槽，它允许子组件向插槽传递数据，父组件可以访问这些数据并进行页面渲染。这些数据仅限于父组件在定义插槽内容时使用。

1. 在子组件中定义作用域插槽

在子组件中定义作用域插槽时，可以将数据作为<slot>标签的属性，实现子组件向插槽传递数据，语法格式如下。

```
<slot 数据名="数据值"></slot>
```

其中，传递的数据是静态数据。若要传递动态数据，需要使用 v-bind 指令或其简写形式，语法格式如下。

```
<slot :数据名="数据值"></slot>
```

在子组件中，还可以定义具名作用域插槽，即向具名插槽传递数据，语法格式如下。

```
<!--向具名插槽传递静态数据-->
<slot name="插槽名" 数据名="数据值"></slot>
<!--向具名插槽传递动态数据-->
<slot name="插槽名" :数据名="数据值"></slot>
```

2. 在父组件中定义作用域插槽的内容

在父组件中，可以使用 v-slot 指令接收子组件传递的插槽数据，并在子组件标签中定义作用域插槽的内容，语法格式如下。

```
<子组件标签名 v-slot="插槽数据">
…
</子组件标签名>
```

其中，插槽数据可以为形参，表示从作用域插槽中接收的数据，该形参的名称可自定义，使用时可通过“形参名.数据名”获取数据；插槽数据也可以为“{数据名}”，表示直接获取数据名。

若传递数据的插槽为具名作用域插槽，在父组件中定义具名作用域插槽内容的语法格式如下。

```
<子组件标签名>
  <template v-slot:插槽名="插槽数据">
    …
  </template>
</子组件标签名>
```

每个插槽都有 name 属性，默认插槽中 name 属性值默认为 default。若同时使用默认插槽和具名插槽，且这两种插槽都传递插槽数据，则需要使用<template>标签定义默认插槽的内容，语法格式如下。

```
<子组件标签名>
  <template v-slot:default="插槽数据">
    …
  </template>
</子组件标签名>
```

示例 4-5 使用插槽分发模板内容

在子组件中定义插槽并向插槽传递数据，在父组件中接收插槽数据并定义插槽内容，实现模板内容分发。（示例位置：example\project4\case4-5.html）

新建文件“case4-5.html”，并构建网页基本框架，然后在<body>标签中输入如下代码。

```
<!--挂载容器，其中的内容是根组件（父组件）的模板内容-->
<div id="app">
  <child>
    <!--在父组件中定义默认插槽的内容-->
    <h2 style="text-align:center;">{{title}}</h2>
    <!--在父组件中定义具名作用域插槽的内容，并直接获取数据-->
    <template v-slot:item1="{item1}">
      <p>{{item1.title}}: {{item1.body}}</p>
    </template>
    <!--通过形参获取数据-->
    <template v-slot:item2="msg">
      <p>{{msg.item2.title}}: {{msg.item2.body}}</p>
    </template>
    <template v-slot:item3="{item3}">
      <p>{{item3.title}}: {{item3.body}}</p>
    </template>
  </child>
</div>
<!--在<template>标签中定义子组件 Child 的 HTML 结构-->
<template id="child">
  <!--在子组件中定义默认插槽-->
  <slot></slot>
  <ul>
    <li>
      <!--在子组件中定义具名作用域插槽-->
      <slot name="item1" :item1="item1"></slot>
    </li>
    <li>
      <slot name="item2" :item2="item2"></slot>
    </li>
    <li>
      <slot name="item3" :item3="item3"></slot>
```

```
    </li>
  </ul>
</template>
<script>
  //子组件 Child
  const Child={
    template:'#child',                    //使用 id 选择器获取组件模板
    setup(){
      //定义子组件 Child 向插槽传递的数据
      const item1=Vue.ref({title:'默认插槽',body:'<slot></slot>'})
      const item2=Vue.ref({title:'具名插槽',body:'<slot name="
content"></slot>'})
      const item3=Vue.ref({title:'作用域插槽',body:'<slot msg="
Vue.js"></slot>'})
      return {item1,item2,item3}
    }
  }
  const App=Vue.createApp(
    //根组件（父组件）的逻辑内容
    {
      setup(){
        const title="插槽的分类"
        return {title}
      }
    }
  )
  App.component('Child',Child)           //注册全局组件 Child
  App.mount('#app')
</script>
```

使用浏览器打开网页文件，页面效果如图 4-8 所示。

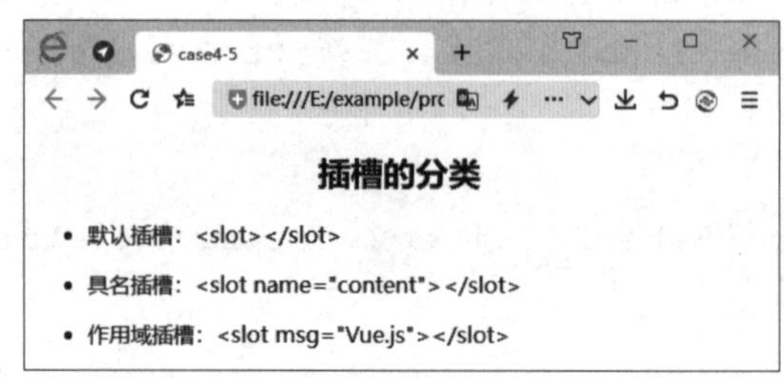

图 4-8 “case4-5.html”文件的页面效果

4.6 动态组件

在 Vue.js 中，动态组件是一种强大的工具，使用它可以根据不同的条件动态切换页面中的组件，从而构建灵活且可维护的用户界面。下面详细介绍定义动态组件的方法和使用 KeepAlive 组件实现组件缓存的方法。

4.6.1 定义动态组件

在 Vue.js 中，可以使用<component>标签定义动态组件，语法格式如下。

```
<component :is="要切换的组件"></component>
```

其中，is 属性的值表示要切换的组件，为 JavaScript 中定义的变量，变量的值为组件名。当 is 属性的值发生变化时，页面中渲染的组件也会发生变化。

4.6.2 使用 KeepAlive 组件实现组件缓存

默认情况下，使用动态组件实现不同组件之间的切换时，组件隐藏后会被销毁，组件再次显示时会被重新创建，因此组件中已经变化的状态会丢失。在多个组件进行动态切换时，如果想要保留组件的状态，可以通过组件缓存来实现。组件缓存主要用于提高应用性能，防止组件的频繁创建和销毁。

在 Vue.js 中，可以使用 KeepAlive 组件实现组件缓存，语法格式如下。

```
<keep-alive>
  <!--缓存的组件-->
</keep-alive>
```

KeepAlive 组件是 Vue.js 的内置组件，不需要定义便可直接使用。在单文件组件中，<keep-alive>标签也可写为<KeepAlive>。

<keep-alive>标签默认缓存内部所有的组件，使用 include、exclude 和 max 属性可以控制缓存哪些组件、不缓存哪些组件和缓存组件的最大数量。

（1）include 属性和 exclude 属性。

include 属性的值为可缓存组件的组件名，exclude 属性的值为不可缓存组件的组件名。当有多个组件名时，以英文逗号分隔，语法格式如下。

```
<!--include 属性-->
<keep-alive include="组件名1,组件名2,…">
  <!--缓存的组件-->
</keep-alive>
<!--exclude 属性-->
<keep-alive exclude="组件名1,组件名2,…">
```

```
  <!--缓存的组件-->
</keep-alive>
```

需要注意的是，KeepAlive 组件会根据缓存组件的 name 选项进行匹配，如果想要按照条件缓存组件，需要在定义缓存组件时声明 name 选项，语法格式如下。

```
name:'组件名'
```

如果是使用了 setup 语法糖的单文件组件，则不需要手动声明 name 选项，Vue.js 会根据文件名自动生成 name 选项。

（2）max 属性。

max 属性可以控制缓存组件的最大数量，语法格式如下。

```
<keep-alive max="数字">
  <!--缓存的组件-->
</keep-alive>
```

如果缓存组件的数量即将超过 max 属性指定的最大数量，则最久没有被访问的缓存组件将被销毁。

示例 4-6　动态切换组件

定义动态组件并使用 KeepAlive 组件实现组件缓存。（示例位置：example\project4\case4-6.html）

新建文件“case4-6.html”，并构建网页基本框架，然后在<body>标签中输入如下代码。

```
<!--挂载容器，其中的内容是根组件（父组件）的模板内容-->
<div id="app" style="font-size:20px;">
  <button style="margin-right:15px;font-size:20px;" @click="
child='ChildA'">ChildA</button>
  <button style="font-size:20px;" @click="child='ChildB'">ChildB
</button>
  <!--使用<keep-alive>标签实现组件缓存，并添加 include 属性使得只有组
件 ChildA 能被缓存;在<keep-alive>标签中定义动态组件-->
  <keep-alive include="ChildA">
    <component :is="child"></component>
  </keep-alive>
</div>
<script>
  //子组件 ChildA
  const ChildA={
    name:'ChildA',                       //添加 name 选项定义组件名
```

```
    template:'<p>组件A</p>'+
      '<span style="margin-right:15px">总和: {{count}}</span>'+
      '<button style="font-size:20px;" @click="count++">加1</button>',
    setup(){
      const count=Vue.ref(0)
      return {count}
    }
  }
  //子组件ChildB
  const ChildB={
    template:'<p>组件B</p><p>信息:{{msg}}</p>'+'<input v-model=
"msg">',
    setup(){
      const msg=Vue.ref('')
      return {msg}
    }
  }
  const App=Vue.createApp(
    //根组件（父组件）的逻辑内容
    {
      components:{
        ChildA:ChildA,                  //注册局部组件ChildA
        ChildB:ChildB                   //注册局部组件ChildB
      },
      setup(){
        const child=Vue.ref('ChildA')
        return {child}
      }
    }
  )
  App.mount('#app')
</script>
```

使用浏览器打开网页文件，在组件A中单击4次“加1”按钮，总和变为4，如图4-9所示。单击“ChildB”按钮切换到组件B，在单行文本框中输入“你好!”，如图4-10所示。单击“ChildA”按钮切换到组件A，可以看到总和仍为4，说明缓存了组件A的状态，如图4-11所示。再次单击“ChildB”按钮切换到组件B，组件B中的内容变回初始状态，如图4-12所示。

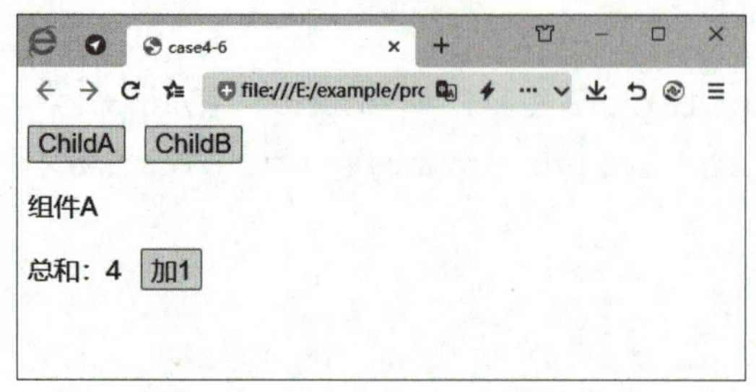

图 4-9　组件 A 的页面效果

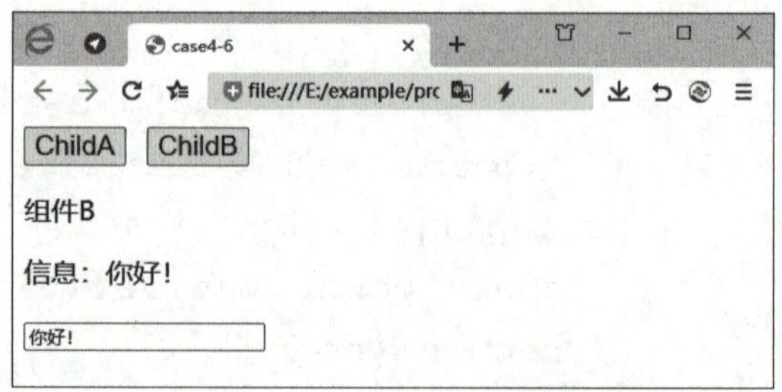

图 4-10　在组件 B 中输入内容后的页面效果

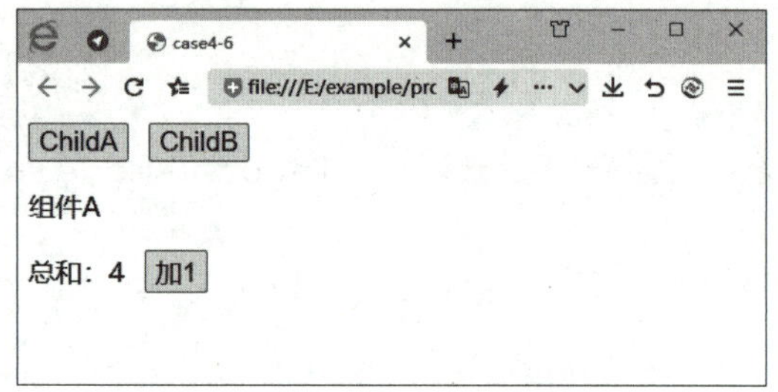

图 4-11　切换到组件 A 后的页面效果

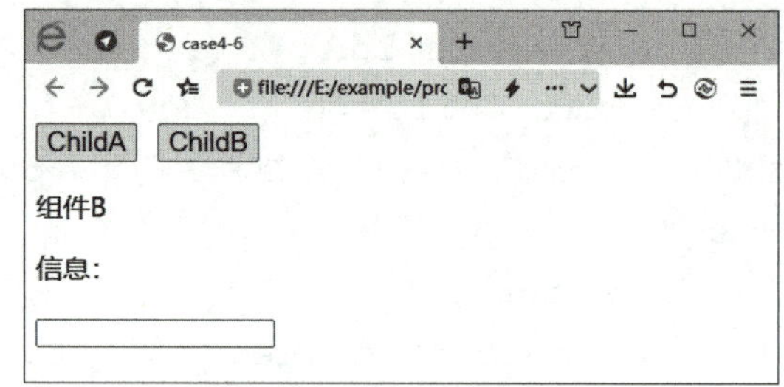

图 4-12　切换到组件 B 后的页面效果

4.7 组件的生命周期

在 Vue.js 中，每个组件从创建到销毁都会经历一系列的过程，这一系列的过程称为组件的生命周期。组件生命周期的不同阶段会被定义为一系列的函数，这些函数称为生命周期钩子函数。开发人员可以在这些不同阶段的生命周期钩子函数中定义业务逻辑。

常用的生命周期钩子函数如下。

（1）onBeforeMount()：组件被挂载前调用。此时，还未创建 DOM 节点。

（2）onMounted()：组件挂载完成后调用。此时，组件已成功渲染到页面中。

（3）onBeforeUpdate()：组件更新前调用。

（4）onUpdated()：组件中任意的 DOM 节点更新后调用。

（5）onBeforeUnmount()：组件被销毁前调用。

（6）onUnmounted()：组件被销毁后调用。

示例 4-7　使用生命周期钩子函数

使用 onBeforeMount()函数与 onMounted()函数演示生命周期钩子函数的使用方法。（示例位置：example\project4\case4-7.html）

新建文件“case4-7.html”，并构建网页基本框架，然后在<body>标签中输入如下代码。

```
<!--挂载容器，其中的内容是根组件的模板内容-->
<div id="life" style="text-align:center;">
```

```
  <h1 class="h1">{{message}}</h1>
</div>
<script>
  //创建实例 App
  const App=Vue.createApp (
    //根组件的逻辑内容
    {
      setup(){
        const message='Hello Vue.js'
        //组件挂载前调用此函数
        Vue.onBeforeMount(()=>{
          //控制台打印<h1>标签
          console.log('组件挂载前: ',document.querySelector('.h1'))
        })
        //组件挂载后调用此函数
        Vue.onMounted(()=>{
          console.log('组件挂载后:',document.querySelector('.h1'))
        })
        return {message}
      }
    }
  )
  App.mount('#life')
</script>
```

使用浏览器打开网页文件，并在浏览器中按“Ctrl+Shift+I”组合键打开控制台，可看到组件挂载前未获取<h1>标签，组件挂载后成功获取<h1>标签，如图 4-13 所示。

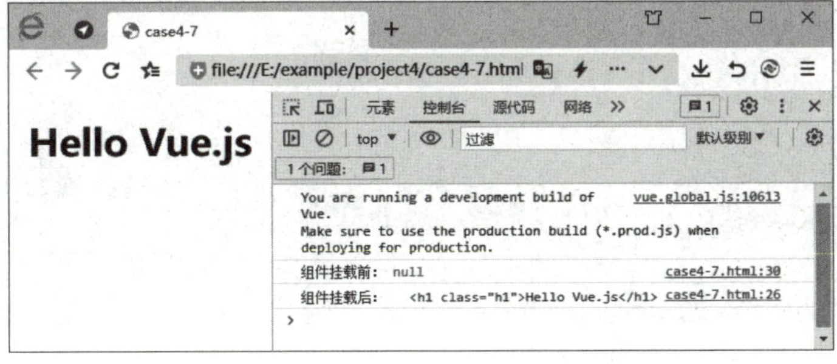

图 4-13 “case4-7.html”文件的页面效果

项目实施——制作订餐系统商品订购模块

制作订餐系统商品订购模块

订餐系统商品订购模块包含两个小模块，分别为购物车模块和商品列表模块。订餐系统商品订购模块的页面效果如图 4-14 所示。单击商品右侧的按钮，即可将对应的商品加入购物车中；单击购物车按钮，即可展示购物车中的商品，如图 4-15 所示。制作步骤如下。

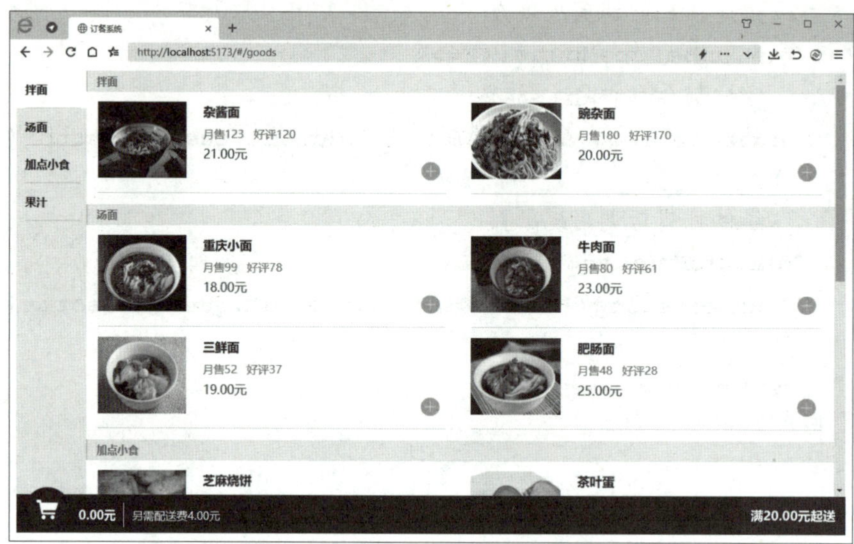

图 4-14 商品订购模块的页面效果

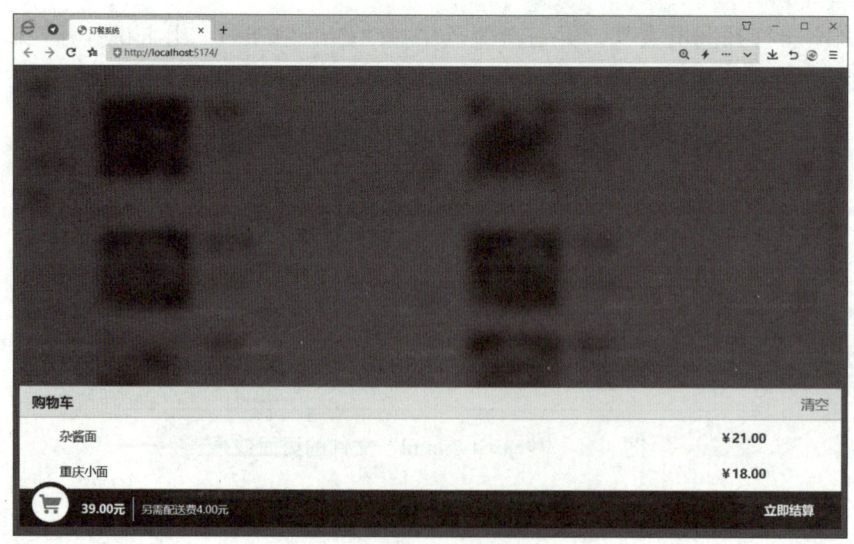

图 4-15 购物车的页面效果

1．制作购物车模块

步骤 1 使用 VS Code 编辑器打开本书配套素材“example\project4”中的 order-system 项目。

步骤 2 在项目的“src\components”目录下新建单文件组件“Cart.vue”，并构建组件的基本框架，代码如下。

```
<template>
</template>
<script setup>
</script>
<style>
</style>
```

步骤 3 在<template>标签中定义购物车模块的页面结构和内容，代码如下。

```
<div class="shop-cart">
  <div class="shopcart-list" v-show="shopShow">
    <div class="list-header">
      <h1 class="title-cart">购物车</h1>
      <!--清空购物车中的商品-->
      <span class="empty" @click="del()">清空</span>
    </div>
    <div class="list-content">
      <ul class="ul-list">
        <li class="shopcart-food" v-for="food in cartFoods">
          <span class="name">{{food.name}}</span>
          <!--计算每个商品的总价-->
          <div class="price2">
            <span>¥{{foodPrice(food.price*food.count)}}</span>
          </div>
        </li>
      </ul>
    </div>
  </div>
  <div class="content">
    <div class="content-left">
      <div class="logo-wrapper">
        <div class="logo" :class="{'highlight1':cartFoods.length>0}"
@click="getList()">
```

```
            <i class="iconfont icon-gouwuche" :class="{'highlight2':
cartCount}"></i>
          </div>
        </div>
        <!--购物车中所有商品的总价-->
        <div class="price">{{price}}元</div>
        <div class="desc">另需配送费4.00元</div>
      </div>
      <div class="content-right">
        <div class="pay">
          {{price>=20 ? "立即结算" : "满20.00元起送"}}
        </div>
      </div>
    </div>
  </div>
  <!--定义遮罩，显示购物车中的商品时，遮盖其他内容-->
  <div class="list-mask" v-show="shopShow"></div>
```

步骤 4 在<script>标签中定义购物车模块的行为和逻辑，代码如下。

```
import {computed,ref} from 'vue'
const emit=defineEmits(['del'])           //声明自定义事件
const flag=ref(false)
const props=defineProps(['cartFoods'])  //声明从父组件传递的数据
const shopShow=computed(()=>{      //定义计算属性，计算是否显示遮罩
  return props.cartFoods.length != 0 && flag.value
})
//显示或隐藏购物车中的商品
const getList=()=>{
  if(props.cartFoods.length){flag.value=!flag.value}
}
//保留小数点后两位
const foodPrice=(price)=>{return price.toFixed(2)}
//计算购物车中商品的数量
const cartCount=computed(()=>{
  return props.cartFoods.length
})
//计算购物车中所有商品的总价
const price=computed(()=>{
```

```
  let money=0
  if(props.cartFoods.length>0){
   for(let i=0;i<props.cartFoods.length;i++){
    let mon=props.cartFoods[i].price*props.cartFoods[i].count
    money=money+mon
   }
  }
  return money.toFixed(2)
})
//清空购物车中的商品
const del=()=>{
  flag.value=false
  emit('del')                          //触发自定义事件
}
```

步骤 5 将本书配套素材“example\project4\CSS”中的“cart.css”文件复制到项目的“src\assets\CSS”目录下，然后将单文件组件“Cart.vue”中的<style>标签修改为如下代码，为购物车模块链接 CSS 样式。

```
<style src="../assets/CSS/cart.css" scoped></style>
```

步骤 6 保存文件。

2. 制作商品列表模块

步骤 1 将本书配套素材“example\project4\img”中的“foods”文件夹复制到项目的“src\assets”目录下。

步骤 2 将本书配套素材“example\project4\data”中的“foods.json”文件复制到项目的“src\assets\json”目录下。

步骤 3 在项目的“src\components”目录下新建单文件组件“Goods.vue”，并构建组件的基本框架，代码如下。

```
<template>
</template>
<script setup>
</script>
<style>
</style>
```

步骤 4 在<template>标签中定义商品列表模块的页面结构和内容，代码如下。

```
<div class="div">
  <div class="menu">
    <ul>
```

```
        <!--选择左侧菜单栏中的选项后，右侧显示对应类型的商品-->
        <li class="menu-item" v-for="(item,index) in good" :key=
"index" @click="selected(item,index)" :class="{'text-color':textType
===item.type}">
          <span class="text">{{item.name}}</span>
        </li>
      </ul>
    </div>
    <div class="foods">
      <ul>
        <li  v-for="(item,index)  in good"  :key="index"  class="
food-list-hook">
          <h1 class="title">{{item.name}}</h1>
          <ul class="ul-food">
            <li class="food" v-for="(food,index) in item.foods" :key
="index">
              <div class="img">
                <img :src="geturl(food.image)" class="food-img" />
              </div>
              <div class="food-div">
                <h2 class="name">{{food.name}}</h2>
                <div class="rate">
                  <span class="span">月售{{food.sellCount}}</span>
                  <span class="span">好评{{food.rating}}</span>
                </div>
                <div class="price">
                  <span class="money">{{foodPrice(food.price)}}元
                  </span>
                </div>
                <!--向购物车中添加商品或删减购物车中的商品-->
                <div class="cartControl-wrapper">
                  <div class="cart-decrease" v-show="food.count>0">
                    <!--购物车中商品的数量加1-->
                    <span class="inner iconfont icon-jian" @click="
cart(food,0)"></span>
                  </div>
                  <span class="cart-count" v-show="food.count>0">
                    {{food.count}}
```

```
                </span>
                <!--购物车中商品的数量减1-->
                <span class="iconfont icon-jia cart-add" @click=
"cart(food,1)"></span>
              </div>
            </div>
          </li>
        </ul>
      </li>
    </ul>
  </div>
</div>
<div class="div-cart">
  <!--使用Cart组件，并向Cart组件中传递数据cartFoods，监听子组件的事
件del-->
  <Cart :cartFoods="cartFoods" @del="del"></Cart>
</div>
```

步骤 5 在<script>标签中定义商品列表模块的行为和逻辑，代码如下。

```
import Cart from './Cart.vue'                          //导入组件Cart
import {onMounted,ref,computed} from 'vue'
import goods from '../assets/json/foods.json'  //导入数据
const textType=ref(1)                               //商品类型，默认为1
const good=ref(goods.goods)          //获取商品数据
const tops=ref([])
//获取图片
const geturl=(image)=>{
  return new URL(image,import.meta.url).href
}
//保留小数点后两位
const foodPrice=(price)=>{return price.toFixed(2)}
//向购物车中添加商品或删减购物车中的商品
const cart=(food,flag)=>{
  for(let i=0;i<4;i++){
    for(let y=0;y<good.value[i].foods.length;y++){
      if(good.value[i].foods[y].name==food.name){
        if(good.value[i].foods[y].count>0){
          if(flag){                      //flag为真，商品数量count加1
```

```
          good.value[i].foods[y].count+=1
        }else{                    //flag 为假，商品数量 count 减 1
          good.value[i].foods[y].count-=1
        }
      }else{          //向购物车中添加新的商品，商品数量 count 值为 1
        good.value[i].foods[y].count=1
      }
    }
  }
 }
}
//计算加入购物车中的商品
const cartFoods=computed(()=>{
  let list=[]
  for(let i=0;i<4;i++){
    for(let y=0;y<good.value[i].foods.length;y++){
      if(good.value[i].foods[y].count>=1){
        list.push(good.value[i].foods[y])
      }
    }
  }
  return list
})
//清空购物车中的商品
const del=()=>{
  for(let i=0;i<4;i++){
    for(let y=0;y<good.value[i].foods.length;y++){
      if(good.value[i].foods[y].count){
        good.value[i].foods[y].count=0
      }
    }
  }
}
//初始化高度
const initTops=()=>{
  let top=0
  tops.value.push(top)
```

```
  //收集 tops
  let lis=document.querySelectorAll(".food-list-hook")
  for (let i=0;i<lis.length;i++){
    let item=lis[i]
    top+=item.clientHeight
    tops.value.push(top)
  }
}
//组件挂载之后初始化高度
onMounted(()=>{
  initTops()
})
//选择左侧菜单栏中的选项，右侧显示对应类型的商品
const selected=(item,index)=>{
  textType.value=item.type
  const scr=tops.value[index]
  document.querySelector('.foods').scrollTop=scr
}
```

步骤 6 将本书配套素材“example\project4\CSS”中的“goods.css”文件复制到项目的“src\assets\CSS”目录下，然后将单文件组件“Goods.vue”中的<style>标签修改为如下代码，为商品列表模块链接 CSS 样式。

```
<style src="../assets/CSS/goods.css" scoped></style>
```

步骤 7 在项目的“src”目录下打开“main.js”文件，将其内容修改为如下代码，切换页面中显示的组件。

```
import {createApp} from 'vue'
import App from './components/Goods.vue'
createApp(App).mount('#app')
```

步骤 8 保存文件，并在命令提示符窗口中运行项目。

步骤 9 启动浏览器，访问“http://localhost:5173/”，商品订购模块的页面效果如图 4-14 所示。单击页面左侧的商品类型，可以快速定位不同类型的商品；单击商品右侧的⊕按钮，可以向购物车中添加商品；单击⊖按钮，可以删减购物车中的商品；单击购物车按钮，可以查看购物车中的商品；单击购物车右上角的“清空”按钮，可以清空购物车中的商品。

步骤 10 切换至命令提示符窗口，按“Ctrl+C”组合键，停止运行项目。

项目实训

1. 实训目的

（1）掌握子组件向父组件传递数据的方法。

（2）掌握跨级组件之间传递数据的方法。

（3）掌握定义动态组件的方法。

2. 实训内容

制作编程学习网站的教程详情模块，页面效果如图 4-16 所示。

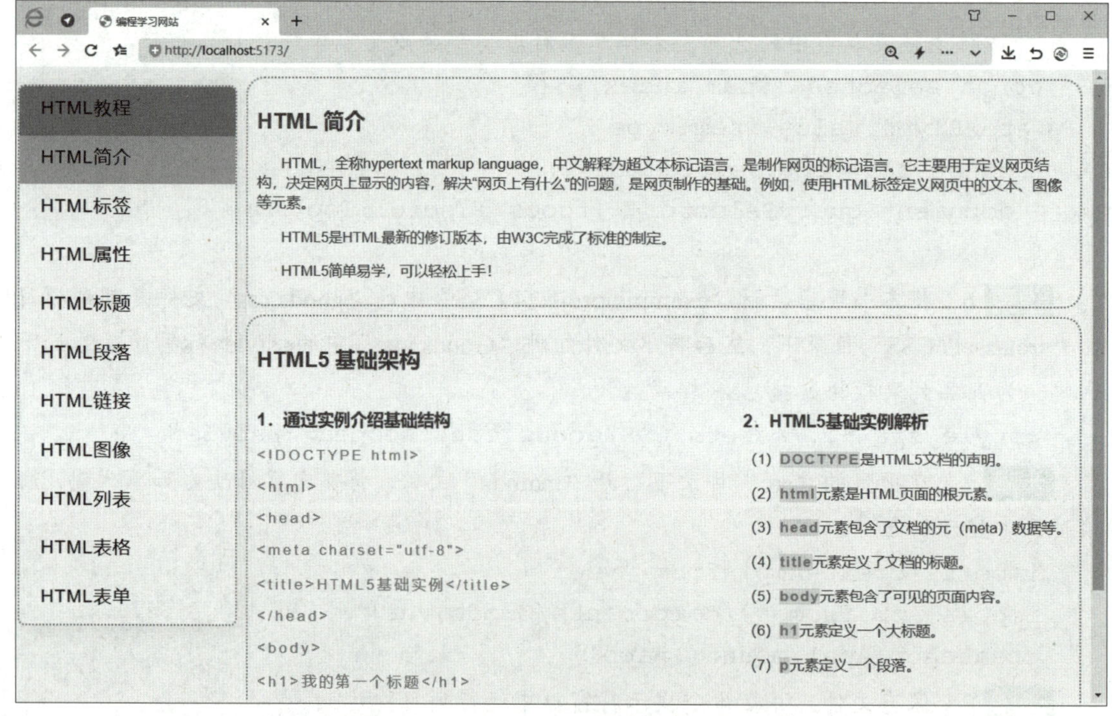

图 4-16　教程详情模块的页面效果

（1）使用 VS Code 编辑器打开本书配套素材“example\project4”中的 study 项目。

（2）打开项目的“src”目录下的“main.js”文件。在该文件中使用 provide()函数提供全局数据 type（表示选中的教程类型）和 id（表示选中的教程 id）。

（3）打开项目的“src\components”目录下的单文件组件“Body.vue”。

在<script>标签中，首先使用 inject()函数获取全局数据 type 和 id；然后定义计算属性 getItems，实现根据 type 和 id 获取相应的教程内容。

在<template>标签中，首先在 id 为“span-name”的<span>标签中获取教程名称；然后在 id 为“li-menu”的<li>标签中，根据计算属性 getItems 的返回值循环渲染<li>标签，使用 v-on 指令实现单击<li>标签后，修改 selectedMenu（表示选中的教程内容 id，默认为 1）的值，使用 v-bind 指令实现当 selectedMenu 的值为当前教程内容 id 时，为 class 属性添加类“text-color”，并在<li>标签的<span>标签中获取教程内容名称；最后在 id 为“right”的<div>标签中使用导入的单文件组件“Right.vue”，并为该组件传递选中的教程内容 id 和教程名称。

（4）打开项目的“src\components”目录下的单文件组件“Right.vue”，首先在<script>标签中使用 defineProps()方法声明从单文件组件“Body.vue”传递的数据 selectedMenu（教程内容 id）和 idName（教程名称）；然后在<template>标签中定义动态组件，is 属性的值为“modules['./'+idName+'/'+idName+selectedMenu+'.vue']”。

提 示

import.meta.glob()函数用于实现动态导入多个文件，详细内容可参考 Vite 官方中文文档（网址为 https://cn.vitejs.dev/guide/features.html#glob-import）。

（5）修改项目的“src”目录下的“main.js”文件，切换页面中显示的组件。

（6）保存文件并运行项目，查看教程详情模块的页面效果。

3. 实训小结

按要求完成实训内容，并将实训过程中遇到的问题和解决办法记录在表 4-1 中。

表 4-1 实训过程中遇到的问题和解决办法

序号	主要问题	解决办法
1		
2		
3		
4		
5		

项目总结

完成本项目的学习与实践后，请总结应掌握的重点内容，并将图 4-17 的空白处填写完整。

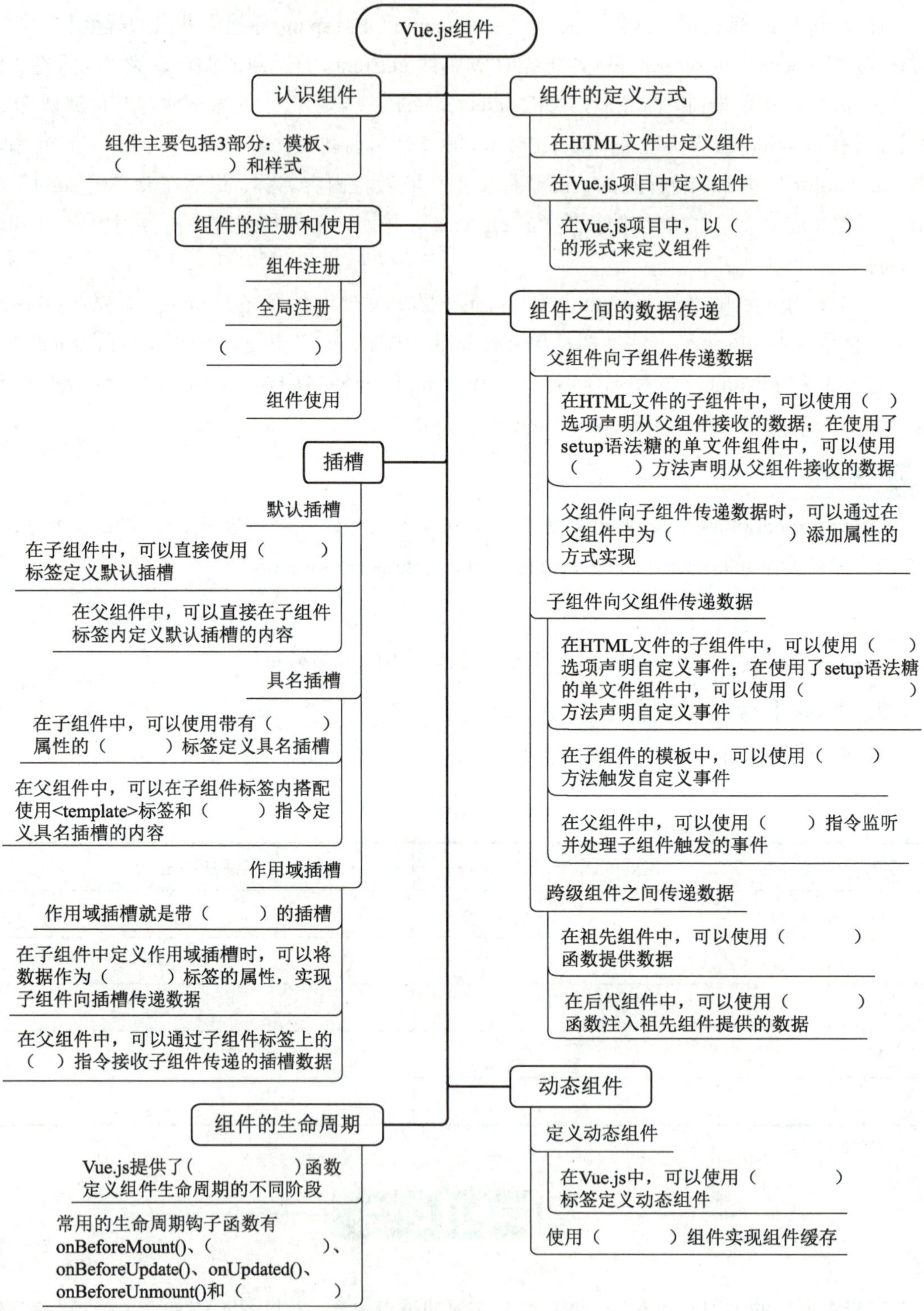

- Vue.js组件
  - 认识组件
    - 组件主要包括3部分：模板、（ ）和样式
  - 组件的注册和使用
    - 组件注册
      - 全局注册
      - （ ）
    - 组件使用
  - 插槽
    - 默认插槽
      - 在子组件中，可以直接使用（ ）标签定义默认插槽
      - 在父组件中，可以直接在子组件标签内定义默认插槽的内容
    - 具名插槽
      - 在子组件中，可以使用带有（ ）属性的（ ）标签定义具名插槽
      - 在父组件中，可以在子组件标签内搭配使用<template>标签和（ ）指令定义具名插槽的内容
    - 作用域插槽
      - 作用域插槽就是带（ ）的插槽
      - 在子组件中定义作用域插槽时，可以将数据作为（ ）标签的属性，实现子组件向插槽传递数据
      - 在父组件中，可以通过子组件标签上的（ ）指令接收子组件传递的插槽数据
  - 组件的生命周期
    - Vue.js提供了（ ）函数定义组件生命周期的不同阶段
    - 常用的生命周期钩子函数有onBeforeMount()、（ ）、onBeforeUpdate()、onUpdated()、onBeforeUnmount()和（ ）
  - 组件的定义方式
    - 在HTML文件中定义组件
    - 在Vue.js项目中定义组件
      - 在Vue.js项目中，以（ ）的形式来定义组件
  - 组件之间的数据传递
    - 父组件向子组件传递数据
      - 在HTML文件的子组件中，可以使用（ ）选项声明从父组件接收的数据；在使用了setup语法糖的单文件组件中，可以使用（ ）方法声明从父组件接收的数据
      - 父组件向子组件传递数据时，可以通过在父组件中为（ ）添加属性的方式实现
    - 子组件向父组件传递数据
      - 在HTML文件的子组件中，可以使用（ ）选项声明自定义事件；在使用了setup语法糖的单文件组件中，可以使用（ ）方法声明自定义事件
      - 在子组件的模板中，可以使用（ ）方法触发自定义事件
      - 在父组件中，可以使用（ ）指令监听并处理子组件触发的事件
    - 跨级组件之间传递数据
      - 在祖先组件中，可以使用（ ）函数提供数据
      - 在后代组件中，可以使用（ ）函数注入祖先组件提供的数据
  - 动态组件
    - 定义动态组件
      - 在Vue.js中，可以使用（ ）标签定义动态组件
    - 使用（ ）组件实现组件缓存

图 4-17 项目总结

项目考核

1. 选择题

（1）Vue.js 组件的必要组成部分是（　　）。

A．模板　　B．母版

C．逻辑　　D．样式

（2）在 HTML 文件中，父组件向子组件传递数据时，需要先在子组件中使用（　　）选项声明从父组件接收的数据。

A．props　　B．data

C．computed　　D．method

（3）父组件向子组件传递数据时，若要传递任意类型的动态数据，需要使用（　　）指令为子组件标签绑定数据。

A．v-if　　B．v-html

C．v-model　　D．v-bind

（4）子组件向父组件传递数据时，在使用了 setup 语法糖的单文件组件中，可以使用（　　）方法声明自定义事件。

A．defineEmits()　　B．setup()

C．mount()　　D．defineProps()

（5）跨级组件之间传递数据时，在祖先组件中，可以使用（　　）函数向后代组件提供数据。

A．inject()　　B．provide()

C．defineProps()　　D．defineEmits()

（6）在子组件中定义的具有指定名称的插槽称为（　　）。

A．默认插槽　　B．作用域插槽

C．具名插槽　　D．多名插槽

（7）在 Vue.js 中，可以使用（　　）标签定义动态组件。

A．<component>　　B．<slot>

C．<components>　　D．<keepAlive>

（8）在 Vue.js 中，组件挂载完成后调用的生命周期钩子函数是（　　）。

A．onBeforeMount()　　B．onBeforeUpdate()

C．onUnmounted()　　D．onMounted()

2. 判断题

（1）组合式 API 是一种面向对象编程风格，将组件逻辑中的数据、方法、计算属性、侦听器等代码全部组合在一起，写在 setup()函数中。 （　　）

（2）在 Vue.js 中，组件的注册方式有两种，一种是全局注册，另一种是局部注册。 （　　）

（3）子组件向父组件传递数据时，在子组件中，只能在模板中使用$emit()方法触发自定义事件。 （　　）

（4）Vue.js 提供了依赖注入的方式，用于实现跨级组件之间的数据传递。 （　　）

（5）在 Vue.js 中，可以使用<slot>标签定义插槽。 （　　）

（6）在父组件中定义作用域插槽的内容时，可以在子组件标签上使用 v-bind 指令接收子组件传递的插槽数据。 （　　）

（7）使用<keep-alive>标签实现组件缓存时，可以使用 max 属性控制缓存组件的最大数量。 （　　）

3. 操作题

制作一个页面，使用 Vue.js 中的具名插槽和作用域插槽编程实现动态切换页面内容，初始页面效果如图 4-18 所示。切换到“组件之间的数据传递”选项卡后，页面效果如图 4-19 所示。切换到“插槽”选项卡后，页面效果如图 4-20 所示。

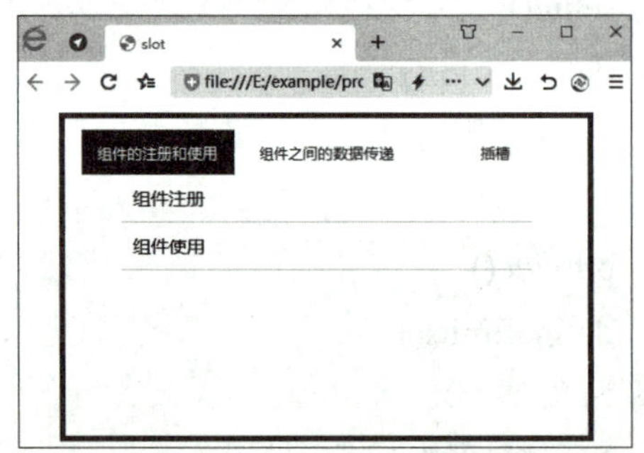

图 4-18　初始页面效果

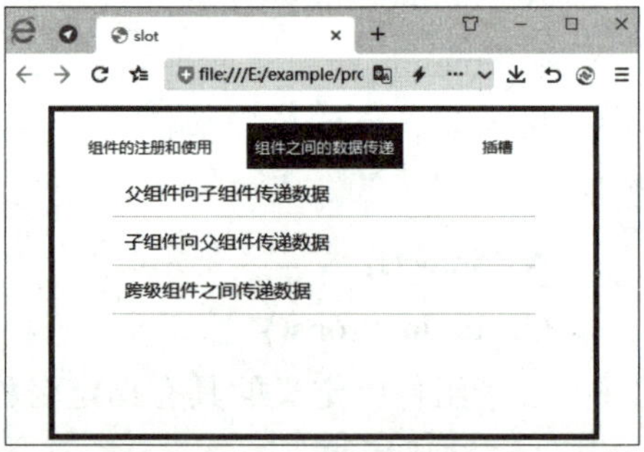

图 4-19　切换到“组件之间的数据传递”选项卡后的页面效果

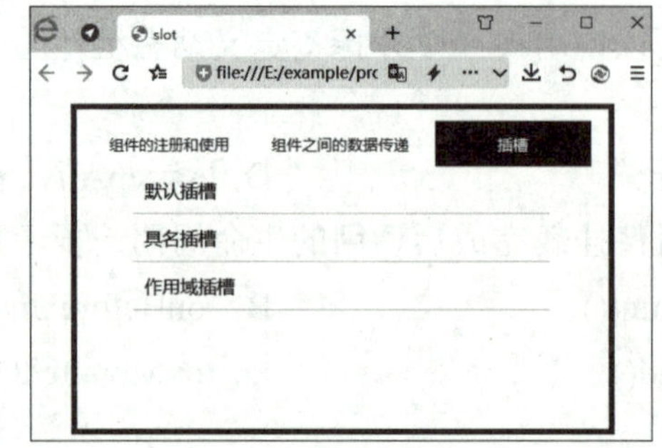

图 4-20　切换到“插槽”选项卡后的页面效果

项目评价

请学生结合本项目的学习情况，对学习成果进行自评和互评（组内成员相互评分），请指导教师进行师评和总评，并将评价结果填入表 4-2 中。

表 4-2　学习成果评价表

评价项目	评价内容	评价分数			
		分值	自评	互评	师评
项目完成度（20%）	项目准备阶段，回答问题清晰准确，紧扣主题，没有明显错误	5 分			
	项目实施阶段，根据操作步骤完成本项目	5 分			
	项目实训阶段，出色地完成实训内容	5 分			
	项目总结阶段，正确地将项目总结的空白信息补充完整	2 分			
	项目考核阶段，正确地完成考核题目	3 分			
知识（30%）	组件的定义、注册和使用方法	5 分			
	组件之间数据传递的方法	10 分			
	插槽的使用方法	5 分			
	定义动态组件和实现组件缓存的方法	5 分			
	组件的生命周期	5 分			
技能（35%）	定义、注册和使用组件	10 分			
	实现组件之间的数据传递	10 分			
	使用插槽分发模板内容	10 分			
	动态切换组件	5 分			
素养（15%）	具有自主学习意识，做好课前准备	5 分			
	善于思考，积极参与，勇于提出问题	5 分			
	具有团队合作精神，出色完成小组任务	5 分			
合计		100 分			
总评	综合得分：__________	指导教师签字：__________			
	综合等级：__________				

注：综合得分可按照“自评（25%）+互评（25%）+师评（50%）”进行计算；综合等级可以“优”（综合得分≥90 分）、“良”（80 分≤综合得分<90 分）、“中”（60 分≤综合得分<80 分）、“差”（综合得分<60 分）为标准进行评价。

项目5

过渡动画

项目目标

知识目标

- 掌握单元素或单组件过渡的方法。
- 掌握多元素过渡与多组件过渡的方法。
- 掌握列表过渡的方法。
- 掌握可复用过渡的方法。

技能目标

- 能够为单元素与单组件添加过渡动画。
- 能够为多元素与多组件添加过渡动画。
- 能够为列表元素添加过渡动画。
- 能够封装并复用过渡动画。

素养目标

- 养成自主学习、探究学习、实践学习的良好习惯。
- 养成精益求精、追求卓越的做事态度。

项目描述

在 Vue.js 中，过渡动画是指元素或组件从一种状态向另一种状态（如显示和隐藏）过渡时应用的一种动画效果。在项目中应用过渡动画，可以实现页面内容的平滑切换，从而增强页面的交互性，提高用户的体验感。Vue.js 提供了两个用于设置过渡动画的组件，分别为 Transition 组件和 TransitionGroup 组件。

为了更好地展示订餐系统的内容，小刘决定使用 Vue.js 提供的组件在订餐系统中添加过渡动画。

项目分析

订餐系统包含多个模块，过渡动画主要添加在商品订购模块、商品评价模块和商家简介模块中。添加过渡动画的方法主要包括两步。

（1）在单文件组件的<template>标签中使用 Vue.js 提供的组件为指定元素添加过渡动画。

（2）在 CSS 样式文件中使用类选择器和属性设置过渡动画。

为了能够顺利在订餐系统中添加过渡动画，本项目将对相关知识进行介绍，主要包括单元素或单组件过渡、多元素过渡与多组件过渡、列表过渡、可复用过渡。

项目准备

全班学生以 3～5 人为一组进行分组，各组选出组长。组长组织组员扫码观看“CSS3 动画”视频，讨论并回答下列问题。

问题 1：使用 CSS3 样式实现动画的方式有哪些？

问题 2：详细介绍一种自己熟悉的动画实现方式。

CSS3 动画

5.1 单元素或单组件过渡

在 Vue.js 中，单元素或单组件过渡是指单个元素或组件自身从一种状态变为另一种状态，如显示和隐藏。Vue.js 提供的 Transition 组件主要用于为单元素或单组件添加过渡动画。

5.1.1 Transition 组件

Transition 组件可以为任何单元素或单组件添加过渡动画，语法格式如下。

```
<transition name="过渡动画名">
  <!--要添加过渡动画的元素或组件-->
</transition>
```

其中，name 属性值为过渡动画的名称，该值不是必须存在的，可根据需要进行设置。

当添加了过渡动画的单元素或单组件因 v-if 指令或 v-show 指令的作用发生状态变化时，过渡动画会被触发。单元素或单组件的状态变化包括两个阶段，分别为进入过渡和离开过渡。进入过渡是指元素从无到有的过程，离开过渡是指元素从有到无的过程。过渡动画的实现需要使用 CSS 类选择器为元素或组件的不同阶段设置动画效果。在 Vue.js 中，用于设置元素或组件进入过渡阶段和离开过渡阶段动画效果的类选择器分别有 3 个。

（1）用于设置元素或组件进入过渡阶段动画效果的类选择器有 v-enter-from、v-enter-active、v-enter-to。

① v-enter-from：定义进入过渡的初始状态。在元素或组件被渲染或显示之前添加，在元素被渲染或显示之后的下一帧移除。

② v-enter-active：定义进入过渡生效时的状态。应用于整个进入过渡阶段，在元素或组件被渲染或显示之前添加，在进入过渡完成后移除。可用来定义元素或组件进入过渡的持续时间、延迟和速度曲线类型。

③ v-enter-to：定义进入过渡的最终状态。在元素或组件被渲染或显示之后的下一帧添加（与此同时，v-enter-from 被移除），在进入过渡完成后移除。

（2）用于设置元素或组件离开过渡阶段动画效果的类选择器有 v-leave-from、v-leave-active、v-leave-to。

① v-leave-from：定义离开过渡的初始状态。在离开过渡被触发时立刻添加，下一帧移除。

② v-leave-active：定义离开过渡生效时的状态。应用于整个离开过渡阶段，在离开过渡被触发时立刻添加，在离开过渡完成后移除。可用来定义元素或组件离开过渡的持续时间、延迟和速度曲线类型。

③ v-leave-to：定义离开过渡的最终状态。在离开过渡被触发后的下一帧添加（与此

同时，v-leave-from 被移除），在离开过渡完成后移除。

这些类选择器名默认以“v”为前缀，若在<transition>标签中设置 name 属性，则这些类选择器名会以 name 属性值为前缀。例如，将 name 属性值设置为“fade”，那么类选择器名会以“fade”为前缀，定义进入过渡生效时的状态的类选择器名为“fade-enter-active”。

5.1.2 使用 CSS3 样式实现过渡动画

使用 Vue.js 提供的<transition>标签结合 CSS3 样式可以实现过渡动画。其中，CSS3 提供的用于实现过渡动画的属性有 transition 属性和 animation 属性等。

1. 使用 transition 属性实现过渡动画

一般情况下，在类选择器 v-enter-active 和 v-leave-active 中使用 transition 属性定义应用过渡动画的 CSS 属性、过渡动画的持续时间、过渡动画的速度曲线等。

【例 5-1】 使用<transition>标签结合 transition 属性实现过渡动画。（示例位置：example\project5\5-1.html）

```
<div id="app" style="text-align:center;">
  <button @click="show=!show">显示/隐藏</button><br>
  <!--为元素添加过渡动画，并设置 name 属性值为 fade-->
  <transition name="fade">
    <p v-show="show">使用 transition 属性实现过渡动画</p>
  </transition>
</div>
<script>
  const App=Vue.createApp({
    setup(){
      const show=Vue.ref(true)
      return {show}
    }
  })
  App.mount('#app')
</script>
<style>
  /*定义进入过渡的初始状态*/
  .fade-enter-from{
    /*opacity 属性用于设置元素的透明度，属性值为 0 时，表示完全透明*/
    opacity:0;
    /*transform 属性用于对元素进行移动、缩放、旋转等操作，
translateX(30px)表示元素在 x 轴上平移 30 px*/
```

```
    transform:translateX(30px);
  }
  /*定义进入过渡和离开过渡生效时的状态*/
  .fade-enter-active,.fade-leave-active{
    /*all 表示为所有 CSS 属性应用过渡动画，2 s 表示过渡动画的持续时间为 2
秒，ease 表示过渡动画的速度曲线为平滑过渡*/
    transition:all 2s ease;
  }
  /*定义离开过渡的最终状态*/
  .fade-leave-to{
    opacity:0;
    transform:translateX(-30px);
  }
</style>
```

使用浏览器打开网页文件，页面效果如图 5-1 所示。

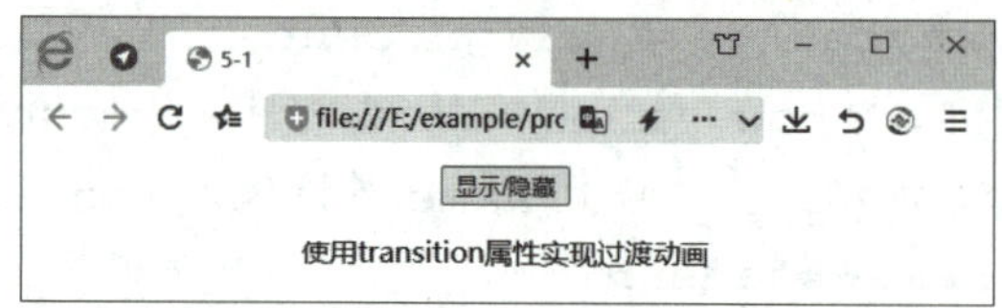

图 5-1　“5-1.html”文件的页面效果

单击“显示/隐藏”按钮，按钮下方的内容会向左移动隐藏。再次单击“显示/隐藏”按钮，按钮下方的内容会从右向左移动显示。

2. 使用 animation 属性实现过渡动画

一般情况下，在类选择器 v-enter-active 和 v-leave-active 中使用 animation 属性实现过渡动画。使用 animation 属性实现过渡动画时，需要先使用@keyframes 规则设置关键帧，其中，一个关键帧代表动画变化过程中的一个状态；然后再使用 animation 属性控制关键帧的变化。

【例 5-2】　使用<transition>标签结合 animation 属性实现过渡动画。（示例位置：example\project5\5-2.html）

```
<div id="app" style="text-align:center;">
  <button @click="show=!show">显示/隐藏</button><br>
  <!--为元素添加过渡动画，并设置 name 属性值为 bounce-->
  <transition name="bounce">
    <p v-show="show">使用 animation 属性实现过渡动画</p>
  </transition>
</div>
```

```
<script>
  const App=Vue.createApp({
    setup(){
      const show=Vue.ref(true)
      return {show}
    }
  })
  App.mount('#app')
</script>
<style>
  /*定义进入过渡生效时的状态*/
  .bounce-enter-active{
    animation:bounce-in 2s;/*应用动画 bounce-in，持续时间为 2 秒*/
  }
  /*定义离开过渡生效时的状态*/
  .bounce-leave-active{
    /*应用动画 bounce-in，持续时间为 2 秒，反向播放*/
    animation:bounce-in 2s reverse;
  }
  /*使用关键帧定义动画 bounce-in*/
  @keyframes bounce-in{
    0%{
      /*设置在第 1 个关键帧处元素的缩放比例和旋转角度*/
      transform:scale(0) rotate(0deg);
    }
    50%{
      /*设置在第 2 个关键帧处元素的缩放比例和旋转角度*/
      transform:scale(1.25) rotate(20deg);
    }
    100%{
      /*设置在第 3 个关键帧处元素的缩放比例和旋转角度*/
      transform:scale(1) rotate(0deg);
    }
  }
</style>
```

使用浏览器打开网页文件，页面效果如图 5-2 所示。

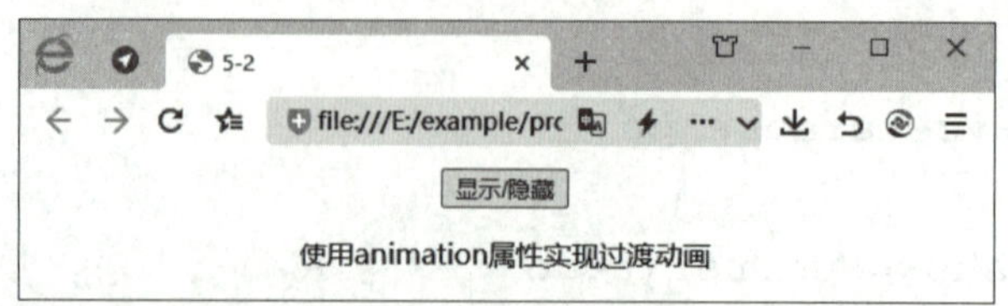

图 5-2 “5-2.html”文件的页面效果

单击“显示/隐藏”按钮，按钮下方的内容会先顺时针旋转同时尺寸增大，然后再逆时针旋转同时尺寸缩小直至完全隐藏。再次单击“显示/隐藏”按钮，按钮下方的内容会先顺时针旋转显示同时尺寸增大，然后再逆时针旋转同时尺寸缩小至原尺寸。

5.1.3 使用 animate.css 实现过渡动画

animate.css 是一个跨浏览器的第三方 CSS3 动画库，内置了多种典型的 CSS3 动画。其兼容性好，且方便使用。

在 Vue.js 中，使用 animate.css 实现过渡动画时，需要为<transition>标签添加特定的属性，并将属性值设置为 animate.css 中的类选择器名，语法格式如下。

```
<transition 特定属性名="类选择器名" ...>
  <!--要添加过渡动画的元素或组件-->
</transition>
```

其中，特定属性名可以是 enter-from-class（对应 v-enter-from）、enter-active-class（对应 v-enter-active）、enter-to-class（对应 v-enter-to）、leave-from-class（对应 v-leave-from）、leave-active-class（对应 v-leave-active）或 leave-to-class（对应 v-leave-to）。

在使用 animate.css 实现过渡动画时，需要提前引入 animate.css。

在 HTML 文件中，可以使用浏览器访问“https://cdnjs.cloudflare.com/ajax/libs/animate.css/4.1.1/animate.min.css”，将网页中的代码保存到合适的位置，然后通过相对路径引入 animate.css；也可以直接使用网址引入 animate.css，代码如下。

```
<!--保存代码后，通过相对路径引入animate.css-->
<link rel="stylesheet" href="animate.min.css" />
<!--直接使用网址引入animate.css-->
<link
  rel="stylesheet"
  href="https://cdnjs.cloudflare.com/ajax/libs/animate.css/4.1.1
/animate.min.css" />
```

在 Vue.js 项目中，可以先使用包管理工具在项目的根目录下安装 animate.css，然后在项目中使用 import 语句引入 animate.css。

【例 5-3】 使用<transition>标签结合 animate.css 实现过渡动画。（示例位置：example\project5\5-3.html）

（1）保存 animate.css。

使用浏览器访问“https://cdnjs.cloudflare.com/ajax/libs/animate.css/4.1.1/animate.min.css”，在打开的页面中单击鼠标右键，在弹出的快捷菜单中选择“另存为”选项，将其保存到“E:\example\project5”目录中。

（2）引入 animate.css。

启动 VS Code 编辑器，新建文件“5-3.html”，输入“html:5”并按“Enter”键，系统自动生成网页的基本框架，在<head>标签中添加如下代码，引入 animate.css。

```
<link rel="stylesheet" href="animate.min.css" />
```

（3）编写网页内容。

在<body>标签中编写网页内容，代码如下。

```
<div id="app" style="text-align:center;">
  <button @click="show=!show">显示/隐藏</button><br>
  <!-- 在 <tansition> 标签中添加 enter-active-class 和 leave-active-class 属性，并将属性值设置为 animate.css 中的类选择器名，为元素添加过渡动画-->
  <transition
    enter-active-class="animate__animated animate__backInLeft"
    leave-active-class="animate__animated animate__backOutRight">
    <p v-show="show">使用 animate.css 实现过渡动画</p>
  </transition>
</div>
<script>
  const App=Vue.createApp({
    setup(){
      const show=Vue.ref(true)
      return {show}
    }
  })
  App.mount('#app')
</script>
```

使用浏览器打开网页文件，页面效果如图 5-3 所示。

图 5-3 “5-3.html”文件的页面效果

单击“显示/隐藏”按钮，按钮下方的内容会先缩小再向右移动隐藏，再次单击“显示/隐藏”按钮，按钮下方的内容会先从左向右移动至目标位置再放大。

提 示

在引用 animate.css 中的类选择器名时，所有的类选择器名都需要添加前缀“animate__”，且 animated 为基本的类选择器名，必须存在。若要查看 animate.css 中的类选择器，可以使用浏览器访问“https://animate.style/”进行查看。

5.1.4 使用钩子函数实现过渡动画

在 Vue.js 中，可以通过在<transition>标签上定义一系列的钩子函数实现过渡动画，语法格式如下。

```
<transition @事件名="钩子函数名" … :css="布尔值">
  <!--要添加过渡动画的元素或组件-->
</transition>
```

其中，事件名可以是 before-enter（对应 v-enter-active）、enter（对应 v-enter-active）、after-enter（对应 v-enter-to）、enter-cancelled（表示取消执行进入过渡动画）、before-leave（对应 v-leave-from）、leave（对应 v-leave-active）、after-leave（对应 v-leave-to）、leave-cancelled（表示取消执行离开过渡动画）；钩子函数名为 JavaScript 中定义的钩子函数名；布尔值为 true 时表示钩子函数可以和 CSS3 样式结合实现过渡动画，布尔值为 false 时表示只使用钩子函数实现过渡动画。

知识库 •••

在定义钩子函数时，所有钩子函数中都会传入一个参数 el，表示应用过渡动画的元素对象。事件 enter 和事件 leave 对应的钩子函数中会传入第 2 个参数 done 作为回调函数，并且在钩子函数中调用这个回调函数，可以实现执行下一个阶段的钩子函数。

【例 5-4】 使用<transition>标签结合钩子函数实现过渡动画。（示例位置：example\project5\5-4.html）

```
<div id="app" style="text-align:center;">
  <button @click="show=!show">显示/隐藏</button><br>
  <!--为元素添加过渡动画，设置 css 属性值为 true，同时使用钩子函数和 CSS3
样式实现过渡动画，其中使用钩子函数实现元素进入过渡的动画-->
  <transition @before-enter="beforeEnter" @enter="enter" @after-enter
="afterEnter" :css="true">
    <p v-show="show">使用钩子函数实现过渡动画</p>
  </transition>
```

```
</div>
<script>
  const App=Vue.createApp({
    setup(){
      const show=Vue.ref(true)
      //定义进入过渡的初始状态
      const beforeEnter=(el)=>{
        el.style.opacity='0'
        el.style.color='blue'
      }
      //定义进入过渡生效时的状态
      const enter=(el,done)=>{
        //使用 el.offsetWidth 强制过渡动画刷新，若不使用此属性，则不会
出现过渡动画效果
        el.offsetWidth
        el.style.transition='all 2s ease'
        //调用此回调函数，使得之后能够调用 afterEnter 函数
        done()
      }
      //定义进入过渡的最终状态
      const afterEnter=(el)=>{
        el.style.opacity='1'
        el.style.color='black'
      }
      return {show,beforeEnter,enter,afterEnter}
    }
  })
  App.mount('#app')
</script>
<style>
  .v-leave-to{
    transform:translateX(200px);
  }
  .v-leave-active{
    transition:all 2s ease;
  }
</style>
```

使用浏览器打开网页文件，页面效果如图 5-4 所示。

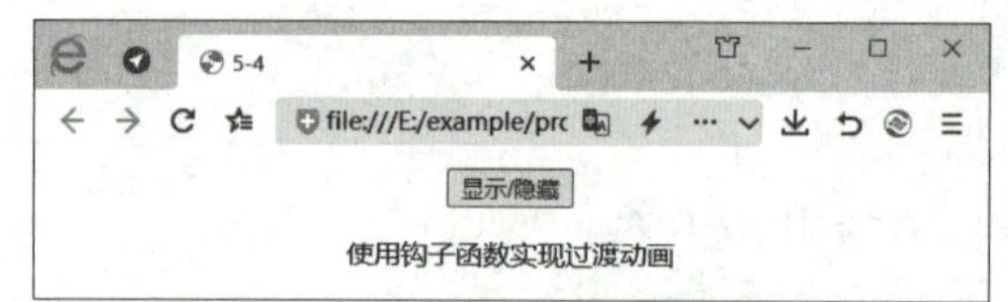

图 5-4 “5-4.html”文件的页面效果

单击“显示/隐藏”按钮，按钮下方的内容会先向右移动再隐藏，再次单击“显示/隐藏”按钮，按钮下方的内容会逐渐显示，在显示的过程中，字体颜色从蓝色逐渐变为黑色。

5.2 多元素过渡与多组件过渡

多元素或多组件过渡是指多个元素或组件之间的过渡。在 Vue.js 中，直接使用<transition>标签只能在同一时刻为单元素或单组件添加过渡动画。如果想要为多个元素或多个组件添加过渡动画，不仅需要使用<transition>标签，还需要使用 v-if、v-else-if、v-else 指令或动态组件。

5.2.1 多元素过渡

在 Vue.js 中，为多个元素添加过渡动画时，不仅需要将添加过渡动画的多个元素放置在<transition>标签中，还需要使用 v-if、v-else-if、v-else 指令有条件地渲染这些元素，确保在同一时刻只会有一个元素被渲染。

提 示

如果只有一个元素，且想要在元素的文本内容更新时触发过渡动画，可以为该元素添加 key 属性。当 key 属性的值改变时，即可触发过渡动画。

【例 5-5】 使用不同方法实现多个元素之间的过渡动画。（示例位置：example\project5\5-5.html）

```
<div id="app" style="text-align:center;">
  <br><br>
  <span>使用 v-if 和 v-else 指令实现多元素过渡：</span>
  <!--为多个元素添加过渡动画，并设置 name 属性值为 fade-->
  <transition name="fade">
    <button class="button" v-if="show==='save'" @click="show=
'delete'">保存</button>
    <button class="button" v-else @click="show='save'"> 删 除
</button>
  </transition>
```

```
    <br><br><br>
    <span>使用 key 属性实现多元素过渡：</span>
    <!--为多个元素添加过渡动画，并设置 name 属性值为 fade-->
    <transition name="fade">
      <!--添加 key 属性，当 key 属性的值改变时，触发过渡动画-->
      <button class="button" :key="type" @click="change">{{type}}
</button>
    </transition>
  </div>
  <script>
    const App=Vue.createApp({
      setup(){
        const show=Vue.ref("save")
        const type=Vue.ref("保存")
        const change=()=>{
          if(type.value==="保存"){
            type.value="删除"
            }else{
             type.value="保存"
            }
          }
        return {show,type,change}
      }
    })
    App.mount('#app')
  </script>
  <style>
    .button{
      position:absolute;
    }
    /*定义进入过渡的初始状态*/
    .fade-enter-from{
      opacity:0;
      /*translateY(30px)表示元素在 y 轴上平移 30 px*/
      transform:translateY(30px);
    }
    /*定义进入过渡和离开过渡生效时的状态*/
    .fade-enter-active,.fade-leave-active{
```

```
      transition:all 2s ease;
    }
    /*定义离开过渡的最终状态*/
    .fade-leave-to{
      opacity:0;
      transform:translateY(-30px);
    }
  </style>
```

使用浏览器打开网页文件，页面效果如图 5-5 所示。

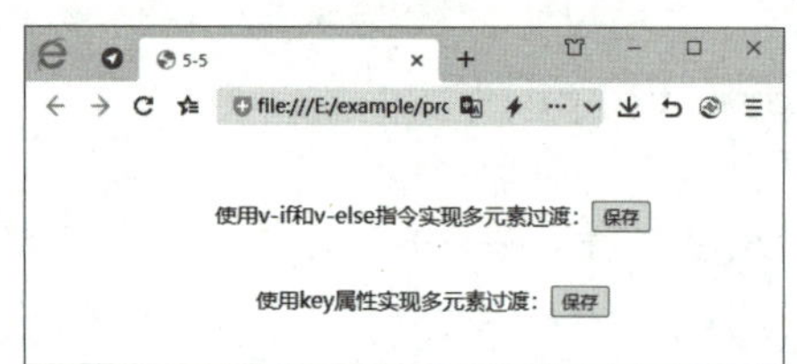

图 5-5 "5-5.html"文件的页面效果

分别单击两个"保存"按钮，"保存"按钮向上移动消失，"删除"按钮从下向上移动显示。分别单击两个"删除"按钮，"删除"按钮向上移动消失，"保存"按钮从下向上移动显示。

5.2.2 多组件过渡

在 Vue.js 中，为多个组件添加过渡动画时，需要使用<component>标签定义动态组件，并将动态组件放置在<transition>标签中。

【例 5-6】 实现多个组件之间的过渡动画。（实例位置：example\project5\5-6.html）

```
  <div id="app">
    <button style="margin-right:5px;" @click="child='ChildA'">
ChildA</button>
    <button @click="child='ChildB'">ChildB</button>
    <!--为多个组件添加过渡动画-->
    <transition name="fade" mode="out-in">
      <component :is="child"></component>
    </transition>
  </div>
  <script>
    const ChildA={template:'<p>这是组件 A</p>'}
    const ChildB={template:'<p>这是组件 B</p>'}
    const App=Vue.createApp({
```

```
    components:{
     ChildA:ChildA,
     ChildB:ChildB
    },
    setup(){
      const child=Vue.ref('ChildA')
      return {child}
    }
  })
  App.mount('#app')
</script>
<style>
  button{font-size:20px;}
  p{
    font-size:20px;
    position:absolute;
  }
  .fade-enter-active,.fade-leave-active{
    transition:opacity 2s ease;
  }
  .fade-enter-from,.fade-leave-to{
    opacity:0;
  }
</style>
```

使用浏览器打开网页文件，页面效果如图 5-6 所示。

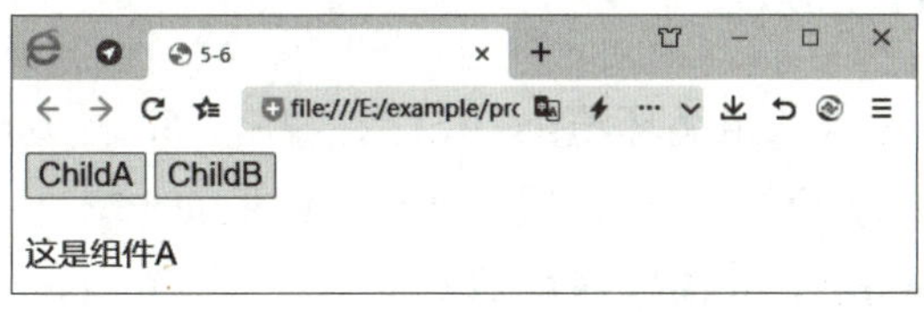

图 5-6 “5-6.html”文件的页面效果

单击“ChildB”按钮,“这是组件 A”会逐渐变透明直至完全隐藏,然后“这是组件 B”会逐渐变清晰直至完全显示。

高手点拨

Vue.js 中默认进入过渡的元素和离开过渡的元素是同时开始的，因此可以将元素的 position 属性设置为 absolute，以避免两个元素同时存在时出现布局问题。有时，需要先执行离开过渡，离开过渡完成之后再执行进入过渡，我们可以通过为<transition>标签添加 mode 属性实现这个行为，语法格式如下。

```
<transition mode="out-in">
  <!--要添加过渡动画的元素或组件-->
</transition>
```

其中，mode 的属性值也可以为“in-out”表示先执行进入过渡再执行离开过渡。

5.3 列表过渡

在实际开发中，经常会用到列表，Transition 组件不能为列表添加过渡动画，Vue.js 提供了另一种组件 TransitionGroup 实现这个功能。

TransitionGroup 组件主要用于为 v-for 指令渲染的列表元素添加过渡动画，当列表中的元素进行增加、删除、重排等操作时就会触发过渡动画。TransitionGroup 组件的使用方法和 Transition 组件的使用方法相似。但是，有以下几点需要注意。

（1）默认情况下，<transition-group>标签不会渲染一个容器元素，但可以通过设置 tag 属性指定一个元素作为容器元素进行渲染。

（2）mode 属性在<transition-group>标签中不可用。

（3）列表中的每个元素都必须绑定一个 key 属性。

（4）过渡动画会被应用在列表内的元素上，而不是容器元素。

对列表中的元素进行排序时，会移动列表中的元素，要为这些元素应用过渡动画，需要添加类选择器 v-move。

示例 5-1 实现列表的过渡动画

使用 v-for 指令根据对象数组循环渲染<li>标签，并将<li>标签放置在<transition-group>标签中，为列表添加过渡动画。（示例位置：example\project5\case5-1.html）

新建文件“case5-1.html”，并构建网页基本框架，然后在<body>标签中输入如下代码。

```
<div id="app">
  <button @click="addClick">添加元素</button>
  <button @click="delClick">删除元素</button>
  <button @click="resetClick">从大到小排序</button>
  <!--为列表元素添加过渡动画，并使用 tag 属性设置容器元素为 ul-->
  <transition-group name="list" tag="ul">
    <li v-for="item in items" :key="item.id">
      {{item.num}}
```

```
      </li>
    </transition-group>
  </div>
  <script>
    const App=Vue.createApp({
      setup(){
        const show=Vue.ref("edit")
        const id=Vue.ref(4)
        const items=Vue.ref([{id:1,num:1},{id:2,num:2},{id:3,num:
3},{id:4,num:4}])
        const addClick=()=>{
          id.value++
          var item={id:id.value,num:id.value}
          items.value.push(item)
        }
        const delClick=()=>{
          items.value.pop()
        }
        const resetClick=()=>{
          items.value.sort((a,b)=>b.num-a.num)
        }
        return {items,addClick,delClick,resetClick}
      }
    })
    App.mount('#app')
  </script>
  <style>
    button{
      margin-right:10px;
    }
    .list-move{     /*对移动的元素应用过渡动画*/
      transition:all 2s ease;
    }
    .list-enter-active,.list-leave-active{
      transition:all 2s ease;
      position:absolute;
    }
    .list-enter-from,
```

```
  .list-leave-to{
    opacity:0;
    transform:translateX(30px);
  }
</style>
```

使用浏览器打开网页文件，页面效果如图 5-7 所示。

图 5-7 “case5-1.html”文件的页面效果

单击“添加元素”按钮，会在列表的最下方出现添加的数字，数字会从右向左移动至目标位置；单击“删除元素”按钮，会删除列表最下方的数字，数字会从左向右移动消失；单击“从大到小排序”按钮，所有数字会从大到小排序，排序过程中会显示数字向上移动和向下移动的过程。

5.4 可复用过渡

在 Vue.js 中，过渡动画是可以被封装复用的，封装方法是将<transition>标签或<transition-group>标签放置在一个包装组件中，并在<transition>标签或<transition-group>标签中定义插槽；使用方法是将需要添加过渡动画的元素或组件定义为插槽内容。

示例 5-2 封装并复用过渡动画

在根组件中复用封装的过渡动画。（示例位置：example\project5\case5-2.html）

新建文件“case5-2.html”，并构建网页基本框架，然后在<body>标签中输入如下代码。

```
<div id="app">
  <button @click="show=!show">切换</button>
  <!--使用封装过渡动画的组件 Child-->
  <child>
    <!--定义插槽内容，插槽内容为需要添加过渡动画的元素-->
    <p v-show="show">Hello</p>
  </child>
</div>
```

```
<template id="my-transition">
  <!--在组件 Child 的模板中封装过渡动画-->
  <transition name="fade">
    <slot></slot>
  </transition>
</template>
<script>
  //组件 Child
  const Child={
    template:'#my-transition'
  }
  const App=Vue.createApp({
    setup(){
      const show=Vue.ref(true)
      return {show}
    }
  })
  App.component('Child',Child)
  App.mount('#app')
</script>
<style>
  .fade-enter-active,.fade-leave-active{
    transition:opacity 2s ease;
  }
  .fade-enter-from,.fade-leave-to{
    opacity:0;
  }
</style>
```

使用浏览器打开网页文件，页面效果如图 5-8 所示。

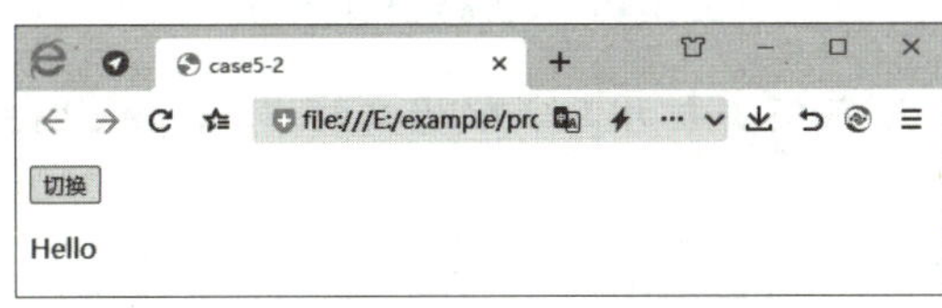

图 5-8 “case5-2.html”文件的页面效果

单击“切换”按钮，“Hello”会逐渐变透明直至完全隐藏；再次单击“切换”按钮，“Hello”会逐渐变清晰直至完全显示。

提 示

将<transition-group>标签定义在一个包装组件中，并在<transition-group>标签中定义插槽，也可以封装过渡动画，感兴趣的同学可自行完成。

在 Vue.js 项目中封装过渡动画时，要避免使用<style scoped>标记样式，如果使用了，定义的 CSS 样式不会应用到插槽内容上。

项目实施——在订餐系统中添加过渡动画

本项目实施主要在订餐系统的商品订购模块、商品评价模块和商家简介模块中添加过渡动画。制作步骤如下。

在订餐系统中添加过渡动画

1. 在商品订购模块中添加过渡动画

在商品订购模块中主要为商品数量和减少商品数量按钮（见图 5-9）的出现与消失、购物车中商品（见图 5-10）的显示与隐藏添加过渡动画。

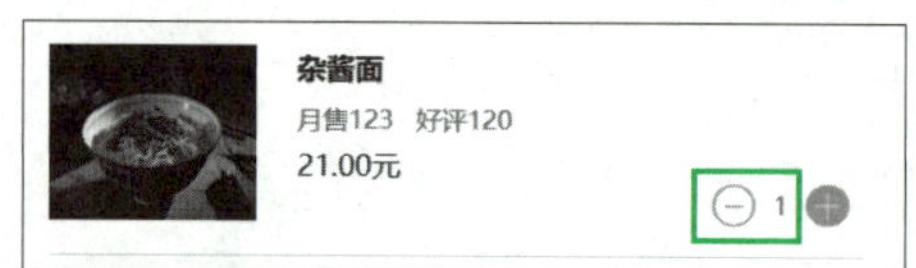

图 5-9 商品数量和减少商品数量按钮

图 5-10 购物车中的商品

步骤 1 使用 VS Code 编辑器打开本书配套素材“example\project5”中的 order-system 项目。

步骤 2 在项目的“src\components”目录下打开单文件组件“Goods.vue”。

步骤 3 在<template>标签中，为类名为“cart-decrease”的<div>标签和类名为“cart-count”的<span>标签添加过渡动画，代码如下。

```
<transition name="fade">
  <div class="cart-decrease" v-show="food.count>0">
    <!--购物车中此商品的数量加 1-->
```

```
      <span class="inner iconfont icon-jian" @click="cart(food,0)
"></span>
    </div>
  </transition>
  <transition name="fade">
    <span class="cart-count" v-show="food.count>0">
      {{food.count}}
    </span>
  </transition>
```

步骤 4 在项目的“src\assets\CSS”目录下打开“goods.css”文件，在文件中添加如下代码，设置元素的过渡动画。

```
.fade-enter-from{
  opacity:0;
  transform:translateX(30px);
}
.fade-enter-active,.fade-leave-active{
  transition:all 2s ease;
}
.fade-leave-to{
  opacity:0;
  transform:translateX(30px);
}
```

步骤 5 在项目的“src\components”目录下打开单文件组件“Cart.vue”。

步骤 6 在<template>标签中，为类名为“shopcart-list”的<div>标签和类名为“list-mask”的<div>标签添加过渡动画，代码如下。

```
<transition name="fade1">
  <div class="shopcart-list" v-show="shopShow">
    <!--此处省略了部分代码，完整代码可参考本书配套素材-->
  </div>
</transition>
<transition name="fade1">
  <div class="list-mask" v-show="shopShow"></div>
</transition>
```

步骤 7 在项目的“src\assets\CSS”目录下打开“cart.css”文件，在文件中添加如下代码，设置元素的过渡动画。

```
.fade1-enter-active,.fade1-leave-active{
  transition:opacity 2s ease;
```

```
}
.fade1-enter-from,.fade1-leave-to{
  opacity:0;
}
```

步骤 8 在项目的“src”目录下打开“main.js”文件，将其内容修改为如下代码，切换页面中显示的组件。

```
import {createApp} from 'vue'
import App from './components/Goods.vue'
createApp(App).mount('#app')
```

步骤 9 保存文件，并在命令提示符窗口中运行项目。

步骤 10 启动浏览器，访问“http://localhost:5173/”，单击商品列表中的⊕按钮，商品数量和⊖按钮会从右向左移动出现至目标位置；单击⊖按钮，当商品数量变为 0 时，商品数量和⊖按钮会从左向右移动消失。当购物车中有商品时，单击页面底部的购物车按钮，购物车中的商品和商品列表上面的遮罩会逐渐变清晰直至完全显示；再次单击购物车按钮，购物车中的商品和商品列表上面的遮罩会逐渐变透明直至完全隐藏。

步骤 11 切换至命令提示符窗口，按“Ctrl+C”组合键，停止运行项目。

2. 在商品评价模块中添加过渡动画

在商品评价模块中，主要为商品评价列表中每条商品评价信息（见图 5-11）的出现与消失添加过渡动画。

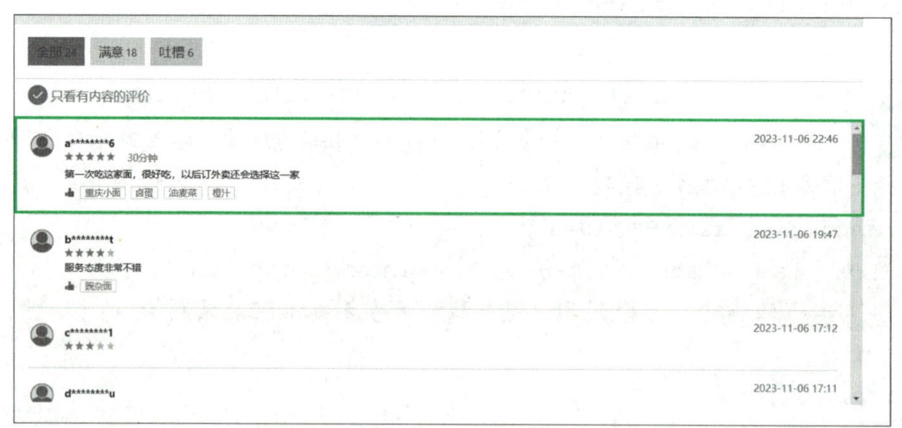

图 5-11　商品评价信息

步骤 1 在项目的“src\components”目录下打开单文件组件“ShopRate.vue”。

步骤 2 在<template>标签中，为类名为“rating-item”的<li>标签添加过渡动画，代码如下。

```
<transition-group name="list">
  <li v-for="(rating,index) in ratings" class="rating-item"
```

```
v-show="ifShow(rating.rateType,rating.text)" :key="index">
      <!--此处省略了部分代码，完整代码可参考本书配套素材-->
    </li>
  </transition-group>
```

步骤 3 在项目的“src\assets\CSS”目录下打开“shopRate.css”文件，在文件中添加如下代码，设置元素的过渡动画。

```
.list-enter-active,.list-leave-active{
  transition:all 2s ease;
}
.list-enter-from,.list-leave-to{
  opacity:0;
  transform:translateX(60px);
}
```

步骤 4 在项目的“src”目录下打开“main.js”文件，将其内容修改为如下代码，切换页面中显示的组件。

```
import {createApp} from 'vue'
import App from './components/ShopRate.vue'
createApp(App).mount('#app')
```

步骤 5 保存文件，并在命令提示符窗口中运行项目。

步骤 6 启动浏览器，访问“http://localhost:5173/”，分别选择“全部”“吐槽”“满意”选项和单击✔按钮，不符合条件的商品评价信息会向右移动消失，符合条件的商品评价信息会从右向左移动出现至目标位置。

步骤 7 切换至命令提示符窗口，按“Ctrl+C”组合键，停止运行项目。

3. 在商家简介模块中添加过渡动画

在商家简介模块中，主要为登录模块（见图 5-12）的显示与隐藏添加过渡动画。

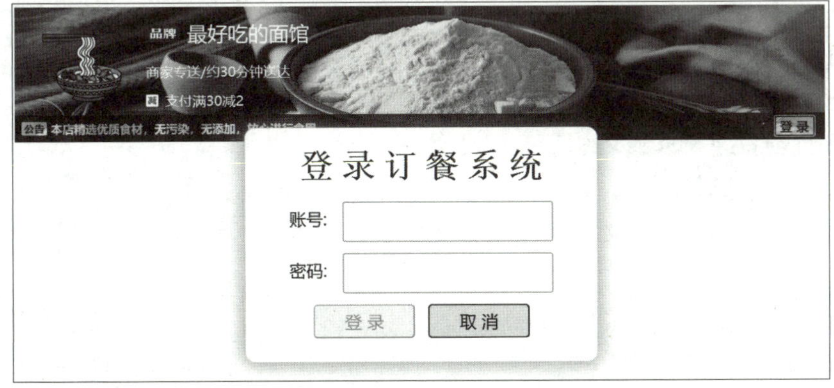

图 5-12 登录模块的页面效果

步骤 1 在项目的“src\components”目录下打开单文件组件“Login.vue”。

步骤 2 在<template>标签中，为“取消”按钮添加监听事件，代码如下。

```
<button type="submit" class="button-2" @click="upLogin()">取 消
</button>
```

步骤 3 在<script>标签中，使用 defineEmits()方法声明自定义事件，在 upLogin()方法中清空登录信息，并触发自定义事件隐藏登录模块，代码如下。

```
const emit=defineEmits(['upLogin'])
const upLogin=()=>{
  username.value=''            //清空登录账号
  password.value=''            //清空登录密码
  emit('upLogin')              //触发自定义事件 upLogin
}
```

步骤 4 在项目的“src\components”目录下打开单文件组件“Header.vue”。

步骤 5 在<template>标签中，为“登录”按钮添加监听事件，代码如下。

```
<button class="btn" @click="showLogin()">登 录</button>
```

步骤 6 在<template>标签中，在类名为“div-3”的<div>标签下方添加如下代码，为登录模块添加过渡动画。

```
<transition name="bounce">
  <div v-show="isLogin" class="login-div">
    <!--登录组件，并监听自定义事件 uplogin-->
    <Login class="login" @upLogin="upLogin">
    </Login>
  </div>
</transition>
```

步骤 7 修改<script>标签中的内容，设置登录模块的显示与隐藏，代码如下。

```
import Login from './Login.vue'                    //导入登录组件
import {ref} from 'vue'
const shop=ref({
  shopName:"最好吃的面馆",
  shopInfo:"商家专送",
  deliveryTime:30,
  bulletin:"本店精选优质食材，无污染，无添加，放心进行食用"
})
const isLogin=ref(false)                           //默认不显示登录模块
const showLogin=()=>{                              //显示登录模块
  isLogin.value=true
```

```
}
const upLogin=()=>{                                    //隐藏登录模块
  isLogin.value=false
}
```

步骤 8 在项目的“src\assets\CSS”目录下打开“header.css”文件，在文件中添加如下代码，设置元素样式和过渡动画。

```
.login-div{
  width:1200px;
  position:absolute;
  z-index:1;                                          /*设置元素层级*/
}
/*设置登录组件水平居中*/
.login{
  margin-left:auto;
  margin-right:auto;
}
/* 定义过渡动画 */
.bounce-enter-active{
  animation:bounce-in 2s;
}
.bounce-leave-active{
  animation:bounce-in 2s reverse;
}
@keyframes bounce-in{
  0%{
    transform:scale(0);
  }
  50%{
    transform:scale(1.15);
  }
  100%{
    transform:scale(1);
  }
}
```

步骤 9 在项目的“src”目录下打开“main.js”文件，将其内容修改为如下代码，切换页面中显示的组件。

```
import {createApp} from 'vue'
import App from './components/Header.vue'
createApp(App).mount('#app')
```

步骤 10 保存文件，并在命令提示符窗口中运行项目。

步骤 11 启动浏览器，访问“http://localhost:5173/”，单击“登录”按钮，登录模块尺寸先增大显示，再缩小至原尺寸；单击“取消”按钮，登录模块的尺寸先增大再缩小，直至隐藏。

步骤 12 切换至命令提示符窗口，按“Ctrl+C”组合键，停止运行项目。

项目实训

1. 实训目的

（1）掌握多组件过渡的方法。

（2）掌握列表过渡的方法。

2. 实训内容

在编程学习网站的导航模块和教程详情模块中添加过渡动画。在导航模块中，主要为教程列表（见图 5-13）的出现与消失添加过渡动画；在教程详情模块中，主要为教程详情（见图 5-14）的出现与消失添加过渡动画。

图 5-13　教程列表

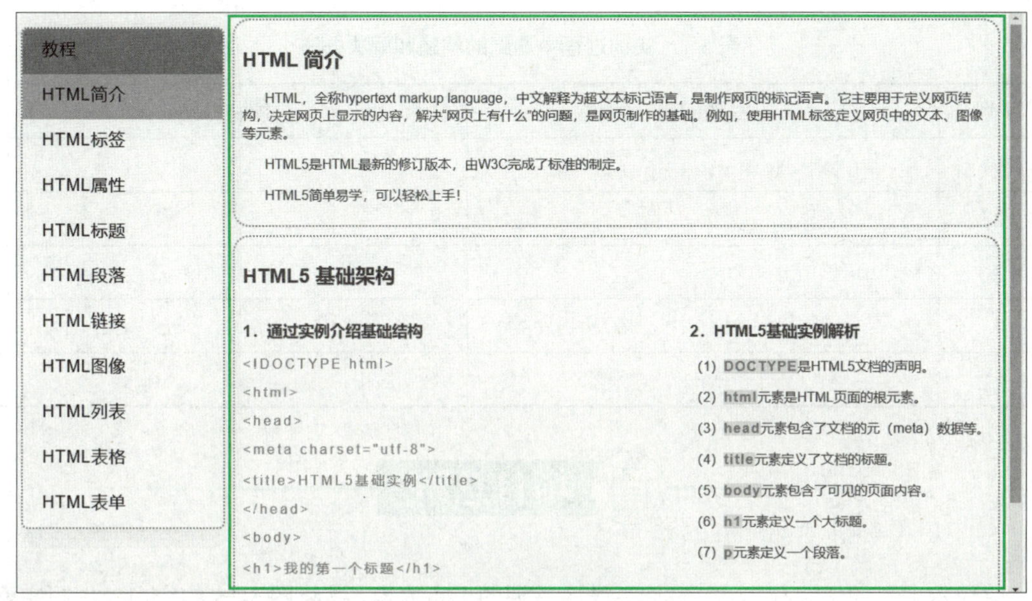

图 5-14 教程详情

（1）使用 VS Code 编辑器打开本书配套素材“example\project5”中的 study 项目。

（2）首先打开项目的“src\components”目录下的单文件组件“Main.vue”，在<template>标签中将 id 为“li-right”的<li>标签放置在<transition-group>标签中，并为<transition-group>标签添加属性值为“list”的 name 属性；然后打开项目的“src\assets\CSS”目录下的“main.css”文件，在该文件中定义进入过渡的初始状态和离开过渡的最终状态（透明度为 0，在 x 轴上平移 60 px）、进入过渡和离开过渡生效时的状态（为所有 CSS 属性应用动画，动画持续时间为 2 秒，速度曲线为平滑过渡）。

（3）首先打开项目的“src\components”目录下的单文件组件“Right.vue”，在<template>标签中将<component>标签放置在<transition>标签中，并为<transition>标签添加属性值为“fade”的 name 属性和属性值为“out-in”的 mode 属性；然后打开项目的“src\assets\CSS”目录下的“right.css”文件，在该文件中定义进入过渡的初始状态和离开过渡的最终状态（透明度为 0，在 y 轴上平移 30 px）、进入过渡和离开过渡生效时的状态（为所有 CSS 属性应用动画，动画持续时间为 2 秒，速度曲线为平滑过渡）。

（4）修改项目的“src”目录下的“main.js”文件，切换页面中显示的组件。

（5）保存文件并运行项目，查看导航模块和教程详情模块中的过渡动画。

3. 实训小结

按要求完成实训内容，并将实训过程中遇到的问题和解决办法记录在表 5-1 中。

表 5-1　实训过程中遇到的问题和解决办法

序号	主要问题	解决办法
1		
2		
3		
4		
5		

项目总结

完成本项目的学习与实践后，请总结应掌握的重点内容，并将图 5-15 的空白处填写完整。

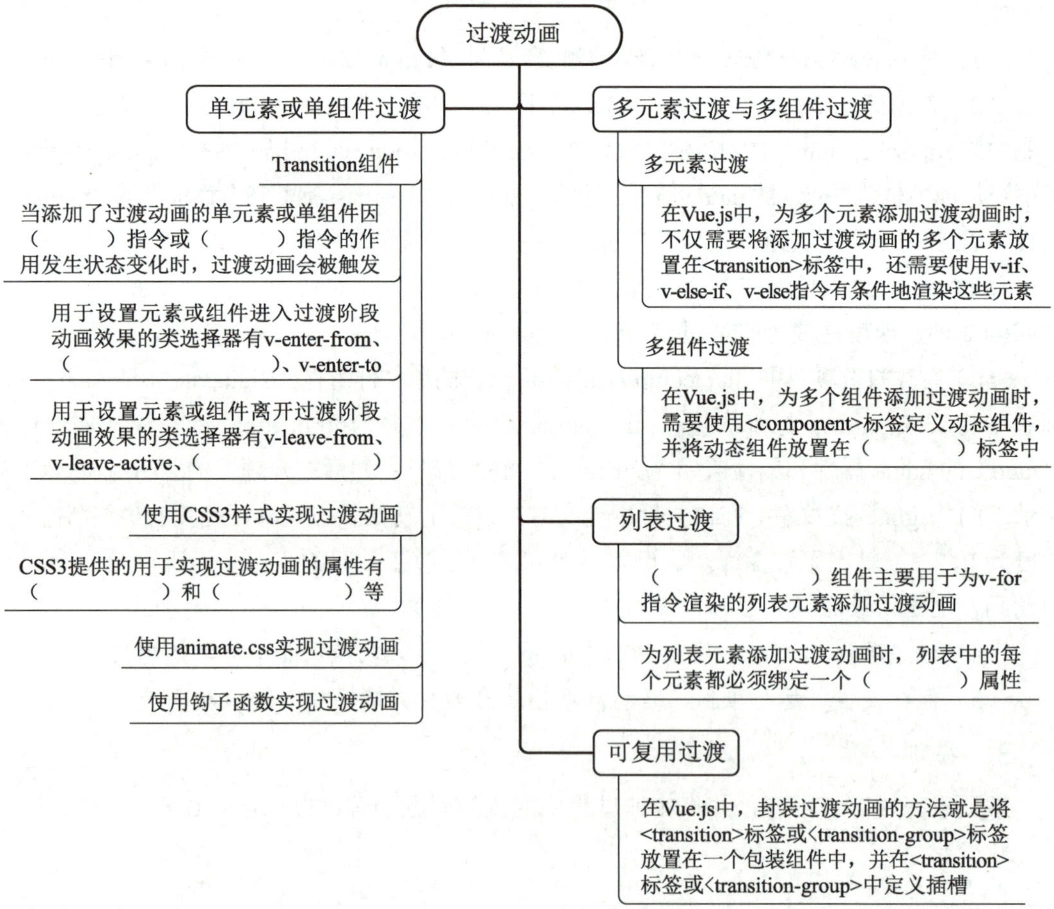

- 过渡动画
  - 单元素或单组件过渡
    - Transition组件
      - 当添加了过渡动画的单元素或单组件因（　　　）指令或（　　　）指令的作用发生状态变化时，过渡动画会被触发
      - 用于设置元素或组件进入过渡阶段动画效果的类选择器有v-enter-from、（　　　　　　）、v-enter-to
      - 用于设置元素或组件离开过渡阶段动画效果的类选择器有v-leave-from、v-leave-active、（　　　　　　）
    - 使用CSS3样式实现过渡动画
      - CSS3提供的用于实现过渡动画的属性有（　　　　　）和（　　　　　）等
    - 使用animate.css实现过渡动画
    - 使用钩子函数实现过渡动画
  - 多元素过渡与多组件过渡
    - 多元素过渡
      - 在Vue.js中，为多个元素添加过渡动画时，不仅需要将添加过渡动画的多个元素放置在<transition>标签中，还需要使用v-if、v-else-if、v-else指令有条件地渲染这些元素
    - 多组件过渡
      - 在Vue.js中，为多个组件添加过渡动画时，需要使用<component>标签定义动态组件，并将动态组件放置在（　　　　　）标签中
  - 列表过渡
    - （　　　　　　）组件主要用于为v-for指令渲染的列表元素添加过渡动画
    - 为列表元素添加过渡动画时，列表中的每个元素都必须绑定一个（　　　　　）属性
  - 可复用过渡
    - 在Vue.js中，封装过渡动画的方法就是将<transition>标签或<transition-group>标签放置在一个包装组件中，并在<transition>标签或<transition-group>中定义插槽

图 5-15　项目总结

项目考核

1. 选择题

（1）Vue.js 提供的（　　）组件可以为单元素或单组件添加过渡动画。

A．TransitionGroup　　B．Transition

C．KeepAlive　　D．Slot

（2）在 Vue.js 中，用于定义进入过渡生效时状态的类选择器是（　　）。

A．v-enter-from　　B．v-enter-to

C．v-enter-active　　D．v-leave-active

（3）在 Vue.js 中，若要仅使用钩子函数实现过渡动画，则需要为<transition>标签添加（　　）。

A．:css="false"　　B．:css="true"

C．:css="yes"　　D．:css="no"

（4）在 Vue.js 中，为列表元素添加过渡动画时，列表中的每个元素都必须绑定一个（　　）属性。

A．name　　B．mode

C．style　　D．key

2. 判断题

（1）当添加了过渡动画的单元素或单组件因 v-if 指令或 v-show 指令的作用发生状态变化时，过渡动画会被触发。（　　）

（2）v-leave-to 类选择器能够定义离开过渡生效时的状态。（　　）

（3）通过为<transition>标签添加 mode 属性，可以设置离开过渡与进入过渡的执行顺序。（　　）

（4）TransitionGroup 组件既能为单元素添加过渡动画，又能为列表元素添加过渡动画。（　　）

（5）在 Vue.js 中，过渡动画不可以被封装复用。（　　）

3. 操作题

使用 Vue.js 提供的 Transition 组件，实现过渡动画。页面中含有“切换内容”按钮和两个内容分别为“过渡动画”和“Transition 组件和 TransitionGroup 组件”的段落。页面初次渲染时，默认显示内容为“过渡动画”的段落。单击按钮后，页面中显示的段落沿 x 轴向右平移 100 px 消失，持续时间为 2 秒，速度曲线为线性过渡；然后页面中的另一个段落沿 x 轴从右向左平移 100 px 显示，持续时间为 2 秒，速度曲线为线性过渡。整个过渡的过程中，前一个段落消失后，后一个段落才能显示。初始页面效果如图 5-16 所示。单击“切换内容”按钮后的页面效果如图 5-17 所示。

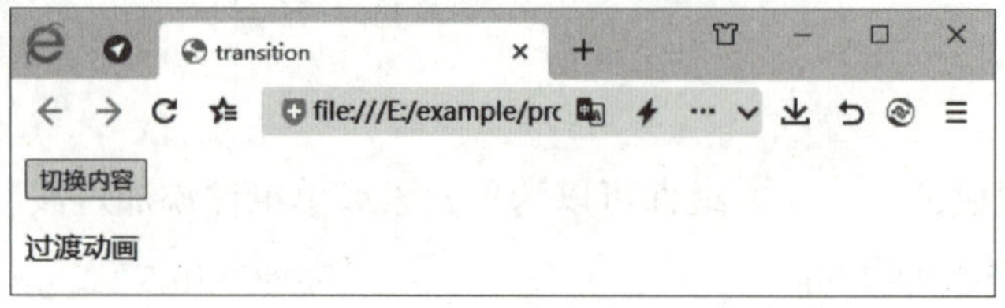

图 5-16　初始页面效果

图 5-17　单击“切换内容”按钮后的页面效果

项目评价

请学生结合本项目的学习情况，对学习成果进行自评和互评（组内成员相互评分），请指导教师进行师评和总评，并将评价结果填入表 5-2 中。

表 5-2　学习成果评价表

评价项目	评价内容	评价分数			
		分值	自评	互评	师评
项目完成度（20%）	项目准备阶段，回答问题清晰准确，紧扣主题，没有明显错误	5 分			
	项目实施阶段，根据操作步骤完成本项目	5 分			
	项目实训阶段，出色地完成实训内容	5 分			
	项目总结阶段，正确地将项目总结的空白信息补充完整	2 分			
	项目考核阶段，正确地完成考核题目	3 分			
知识（30%）	单元素或单组件过渡的方法	10 分			
	多元素过渡与多组件过渡的方法	5 分			
	列表过渡的方法	10 分			
	可复用过渡的方法	5 分			

（续表）

评价项目	评价内容	评价分数			
		分值	自评	互评	师评
技能（35%）	为单元素与单组件添加过渡动画	10 分			
	为多元素与多组件添加过渡动画	10 分			
	为列表元素添加过渡动画	10 分			
	封装并复用过渡动画	5 分			
素养（15%）	具有自主学习意识，做好课前准备	5 分			
	善于思考，积极参与，勇于提出问题	5 分			
	具有团队合作精神，出色完成小组任务	5 分			
合计		100 分			
总评	综合得分：________	指导教师签字：________			
	综合等级：________				

注：综合得分可按照“自评（25%）+互评（25%）+师评（50%）”进行计算；综合等级可以“优”（综合得分≥90 分）、“良”（80 分≤综合得分＜90 分）、“中”（60 分≤综合得分＜80 分）、“差”（综合得分＜60 分）为标准进行评价。

项目6 路由管理

项目目标

知识目标

- 熟悉路由的相关知识。
- 掌握 Vue Router 的安装与使用方法。
- 掌握定义嵌套路由和实现动态路由匹配的方法。
- 掌握命名路由与路由视图的方法。
- 熟悉重定向、别名、编程式导航的相关知识。

技能目标

- 能够安装并使用 Vue Router。
- 能够定义并使用嵌套路由。
- 能够定义带有路径参数的路由，并获取参数值。
- 能够命名路由和路由视图。
- 能够实现路由重定向并为路由添加别名。
- 能够以编程式导航的方式实现页面导航。

素养目标

- 提升灵活运用所学知识解决实际问题的能力。
- 遵守和维护社会秩序，为社会和谐稳定发展贡献自己的力量。

项目描述

Vue.js 适合用于构建单页面应用。单页面应用是一种特殊的 Web 应用，它只加载一个 HTML 页面，并通过切换组件在该页面上动态加载和更新页面的不同内容。在 Vue.js 中，虽然可以通过动态组件实现组件切换，但是管理麻烦且不易维护。为此，在开发单页面应用时，通常使用路由实现组件切换。

Vue.js 提供了配套的路由管理器 Vue Router。因此，小刘决定使用 Vue Router 切换显示订餐系统不同模块的内容。

项目分析

在同一个页面中切换显示订餐系统不同模块的内容，需要先在项目的根目录下安装 Vue Router；然后在项目的程序入口文件中创建并引用路由实例，在项目的根组件中定义导航链接和路由视图；最后查看页面效果，验证切换显示是否实现。

为了能够顺利切换显示订餐系统不同模块的内容，本项目将对相关知识进行介绍，主要包括认识路由、Vue Router 的安装与使用、嵌套路由、动态路由匹配、命名路由与路由视图、重定向与别名、编程式导航。

项目准备

全班学生以 3～5 人为一组进行分组，各组选出组长。组长组织组员扫码观看“认识路由”视频，讨论并回答下列问题。

问题 1：在 Web 开发中，路由分为哪几种？

问题 2：Vue.js 中的路由属于哪种路由？

认识路由

6.1 认识路由

在 Web 开发中，路由用于根据用户在浏览器中访问的 URL 地址（也称为网址）分发相应的处理程序。根据技术的不同，路由分为后端路由和前端路由。

后端路由的整个过程发生在服务器端。当用户在浏览器中访问 URL 地址时，浏览器会向服务器发送请求，服务器收到请求后会通过路由寻找 URL 地址对应的处理程序，然后执行相应的业务逻辑，最后将处理结果发送给浏览器并显示。访问过程中，每次跳转到不同的 URL 地址，都会重新访问服务器，浏览器也会刷新页面。

前端路由的整个过程发生在浏览器端。它最大的特点就是当浏览器中的 URL 地址改变时，不需要向服务器发起加载新页面的请求，而是在当前页面中切换显示的内容。当用户单击链接或按钮发起请求时，前端路由会拦截这些请求，并通过路由找到对应的组件，然后在页面上动态渲染这些组件。

Vue.js 中的路由属于前端路由，它有两种常用的工作模式：Hash 模式和 HTML5 History 模式。其中，Hash 模式的前端路由通过 URL 地址（如“http://localhost:5173/#/home”）中从“#”开始的部分实现不同组件之间的切换。“#”表示 Hash 符，“#”后面的值（如“/home”）称为 Hash 值，该值用于进行路由匹配。Hash 模式前端路由的工作原理如图 6-1 所示。

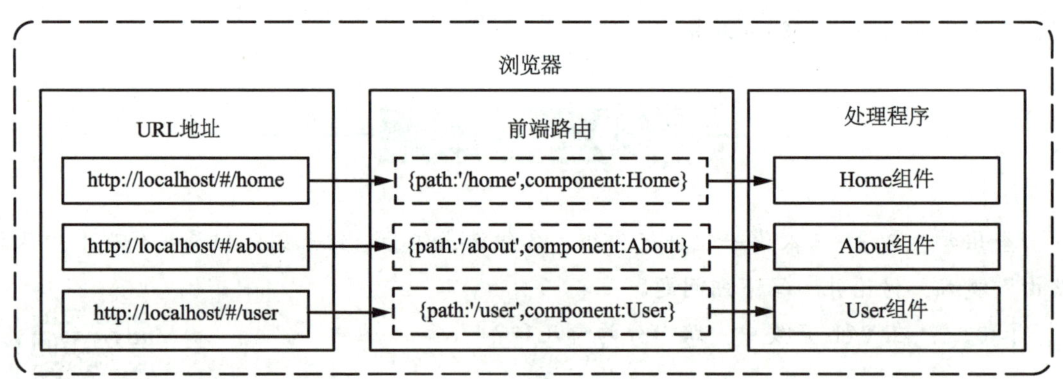

图 6-1 Hash 模式前端路由的工作原理

前端路由定义了路径（path）与组件（component）之间的映射关系。例如，图 6-1 中，前端路由“{path:'/home',component:Home}”定义了路径“/home”与组件 Home 之间的映射关系。当加载页面时，浏览器会根据 URL 地址中的 Hash 值查找对应的路径和组件，然后将组件作为处理程序，渲染在页面中。例如，图 6-1 中，浏览器会根据 URL 地址“http://localhost:/#/home”中的 Hash 值“/home”找到对应的前端路由“{path:'/home',component:Home}”，然后在页面中渲染 Home 组件。

6.2 Vue Router 的安装与使用

Vue Router 是 Vue.js 的官方路由管理器，它提供了强大的路由功能，并与 Vue.js 高度集成，使构建单页面应用变得轻而易举。使用 Vue Router 可以实现单击 A 按钮后页面显示 A 内容，单击 B 按钮后页面显示 B 内容。

6.2.1 Vue Router 的安装

Vue Router 与 Vue.js 一样，安装之后才能使用。在 Vue.js 项目中，可以使用包管理工具在项目的根目录下安装 Vue Router，命令如下。

```
//使用 npm install 命令安装 Vue Router
npm install vue-router@4.2.5
//使用 yarn add 命令安装 Vue Router
yarn add vue-router@4.2.5
```

6.2.2 Vue Router 的使用

安装好 Vue Router 后就可以使用 Vue Router 了，使用 Vue Router 的基本步骤如下。

（1）创建路由组件。根据项目的需求，创建页面各个模块的组件。

（2）创建并引用路由实例。

首先，在 Vue.js 项目的程序入口文件中导入 Vue Router 的相关函数，代码如下。

```
import {createRouter,createWebHashHistory} from 'vue-router'
```

其中，createRouter()函数用于创建路由实例；createWebHashHistory()函数用于指定路由的工作模式为 Hash 模式。

然后，使用 import 语句导入需要的组件，并定义路由，语法格式如下。

```
import 组件名 from '组件的路径'
const 路由数组名=[
  {path:'路径',component:组件名},
  …
]
```

其中，数组中的每个对象都代表一个路由，对象中的 path 属性用于定义路由的路径，component 属性用于定义路由对应的组件。

高手点拨

运行项目后，系统会一次性加载使用 import 语句导入的所有组件。当组件数量很多时，使用 import 语句直接导入组件会影响页面的加载速度。此时，可以使用 import()方法动态导入组件，定义路由的语法格式可以写为如下格式。

```
const 路由数组名=[
  {path:'路径',component:()=>import('组件的路径')},
  …
]
```

接着，创建路由实例，语法格式如下。

```
const 路由实例名=createRouter({
  history:createWebHashHistory(),
  routes:路由数组名
})
```

其中，history 属性用于指定路由的工作模式；routes 属性用于指定路由数组，当路由数组名为 routes 时，“routes:routes”可简写为“routes”。

提 示

在创建路由实例时，routes 属性的值可以直接使用路由数组表示。此时，创建路由实例的语法格式可以写为如下格式。

```
const 路由实例名=createRouter({
  history:createWebHashHistory(),
  routes:[
    {path:'路径',component:组件名},
    …
  ]
})
```

最后，使用 Vue.js 实例的 use()方法引用路由实例，确保整个项目支持路由，语法格式如下。

```
//app 为 Vue.js 实例
app.use(路由实例名)
```

（3）定义导航链接和路由视图。

为了方便在页面中切换显示不同的组件，需要在根组件中使用 Vue Router 提供的<router-link>标签定义导航链接，语法格式如下。

```
<router-link to="路径">…</router-link>
```

其中，to 属性用于设置链接地址，与路由中的 path 属性对应。单击导航链接后，系统会根据 to 属性的属性值匹配定义的路由。匹配成功后，就会渲染路由对应的组件。

为了在页面的指定位置渲染匹配路由对应的组件，需要在根组件中使用 Vue Router 提供的<router-view>标签定义路由视图，语法格式如下。

```
<router-view><router-view>
```

当匹配到路由时，该路由对应的组件就会渲染在<router-view>标签所在的位置。

示例 6-1　安装并使用 Vue Router

首先使用 yarn add 命令安装 Vue Router，然后在项目中使用 Vue Router 实现组件切换。（示例位置：example\project6\case6-1）

（1）安装 Vue Router。

打开命令提示符窗口，切换至本书配套素材“example\project6”中 case6-1 项目的根目录下，执行如下命令安装 Vue Router。

```
yarn add vue-router@4.2.5
```

（2）创建路由组件。

使用 VS Code 编辑器打开 case6-1 项目，在项目的“src\components”目录下新建单文件组件“Home.vue”和“About.vue”。

在单文件组件“Home.vue”中输入如下代码。

```
<template>
  <div class="home-div">
    <h2>Home 组件</h2>
  </div>
</template>
```

在单文件组件“About.vue”中输入如下代码。

```
<template>
  <div class="about-div">
    <h2>About 组件</h2>
  </div>
</template>
```

（3）创建并引用路由实例。

在项目的“src”目录下打开“main.js”文件，将其内容修改为如下代码。

```
import {createApp} from 'vue'
//导入路由的相关函数
import {createRouter,createWebHashHistory} from 'vue-router'
import Home from './components/Home.vue'
import About from './components/About.vue'
import App from './App.vue'
//定义路由
const routes=[
  {path:'/home',component:Home},
```

```
    {path:'/about',component:About}
  ]
  //创建路由实例
  const router=createRouter({
    history:createWebHashHistory(),          //指定路由的工作模式
    routes
  })
  const app=createApp(App)
  app.use(router)                            //引用路由实例
  app.mount('#app')
```

（4）定义导航链接和路由视图。

在项目的“src”目录下打开单文件组件“App.vue”，将其内容修改为如下代码。

```
<template>
  <div class="app-div">
    <h1>App 根组件</h1>
    <!--定义导航链接，通过 to 属性设置链接地址-->
    <router-link to="/home">首页</router-link>
    <router-link to="/about">关于</router-link>
    <hr style="margin-top:10px;">
    <!--定义路由视图，匹配路由对应的组件将在这里渲染-->
    <router-view></router-view>
  </div>
</template>
<style scoped>
  .app-div{
    text-align:center;
    width:500px;
    margin-left:auto;
    margin-right:auto;
  }
  .app-div a{
    color:black;
    padding:10px;
    text-decoration:none;
    font-size:20px;
  }
  /*为导航链接添加样式，当单击导航链接时，自动为该导航链接添加背景颜色*/
  .app-div a.router-link-active{
```

```
    background-color:cadetblue;
  }
  h1{
    margin-bottom:50px;
    margin-top:30px;
    font-size:40px;
  }
</style>
```

（5）保存文件，在命令提示符窗口中运行项目。启动浏览器，访问 URL 地址 “http://localhost:5173/”，初始页面效果如图 6-2 所示。切换到“首页”选项卡，页面效果如图 6-3 所示。切换到“关于”选项卡，页面效果如图 6-4 所示。

图 6-2 初始页面效果

图 6-3 切换到“首页”选项卡后的页面效果

图 6-4 切换到“关于”选项卡后的页面效果

提 示

router-link-active 和 router-link-exact-active 是 Vue Router 提供的两个 CSS 类选择器，某导航链接匹配到路由时，系统会自动为该导航链接添加这两个类名。当导航链接匹配的路由为某嵌套路由中的子路由时，系统也会为该路由的父路由对应的导航链接添加类名 router-link-active。

例如，导航链接 A 对应路由 A，导航链接 B 对应路由 B，路由 A 是路由 B 的子路由，当导航链接 A 匹配到路由 A 时，系统会为导航链接 A 添加类名 router-link-active 和 router-link-exact-active，为导航链接 B 添加类名 router-link-active。

Vue.js 项目运行后，会将<router-link>标签映射为<a>标签，使用上述两个类选择器为<a>标签设置样式后，该样式可以应用到导航链接上。

嵌套路由的详细内容会在 6.3 节中讲解。

素养之窗

在使用 Vue Router 实现路由管理时，定义的每个路由都对应一个特定的路径和组件，这种机制确保了应用程序的页面切换都是有序的和可控的。

无论是在技术领域还是在现实生活中，都需要一定的规则和制度来维持秩序和稳定。社会秩序是社会生活的一种有序化状态，它是人们在社会活动中必须遵守的行为准则、道德规范、法律规章的总和。社会秩序对于维护社会稳定、促进社会发展具有重要意义。因此，在社会生活中，我们需要遵守和维护社会秩序，以确保社会和谐稳定发展。

6.3 嵌套路由

在实际开发中，应用程序的页面实现可能会存在多层嵌套的组件，使用 Vue Router 提供的嵌套路由可以实现多层嵌套组件中子组件之间的切换。

嵌套路由就是在路由里嵌套子路由。定义路由时，可以使用 children 属性定义子路由，语法格式如下。

```
{
  path:'父路径',
  component:组件名,
  children:[
    {path:'子路径',component:组件名},
    …
  ]
}
```

其中，子路径最前面不需要加“/”。

在父路由对应的组件中定义子路由导航链接的语法格式如下。

```
<router-link to="父路径/子路径">…</router-link>
```

示例 6-2　定义并使用嵌套路由

新建两个组件，然后定义嵌套路由、子路由导航链接和子路由视图。（示例位置：example\project6\case6-2）

（1）使用 VS Code 编辑器打开本书配套素材“example\project6”中的 case6-2 项目，在项目的“src\components”目录下新建单文件组件“Problems.vue”和“Version.vue”。

在单文件组件“Problems.vue”中输入如下代码。

```
<template>
  <div class="pro-div">
    <h3>Problems 组件</h3>
  </div>
</template>
<style scoped>
  .pro-div{
    text-align:left;
  }
</style>
```

在单文件组件“Version.vue”中输入如下代码。

```
<template>
  <div class="ver-div">
    <h3>Version 组件</h3>
  </div>
</template>
<style scoped>
  .ver-div{
    text-align:left;
  }
</style>
```

（2）在项目的“src”目录下打开“main.js”文件，为路径为“/about”的路由添加children属性定义子路由，此时路由实例的代码如下。

```
const router=createRouter({
  history:createWebHashHistory(),
  routes:[
    {path:'/home',component:()=>import('./components/Home.vue')},
    {
      path:'/about',
      component:()=>import('./components/About.vue'),
      //定义子路由
      children:[
        {
          path:'problems',
          component:()=>import('./components/Problems.vue')
        },
        {
```

```
                path:'version',
                component:()=>import('./components/Version.vue')
            }
        ]
    }
  ]
})
```

（3）在项目的“src\components”目录下打开单文件组件“About.vue”，在<div>标签中定义子路由导航链接和子路由视图，代码如下。

```
<div class="about-div">
  <h2>About 组件</h2>
  <!--定义子路由导航链接-->
  <router-link to="/about/problems">常见问题</router-link>
  <router-link to="/about/version">历史版本</router-link>
  <hr style="margin-top:10px;">
  <!--定义子路由视图-->
  <router-view></router-view>
</div>
```

（4）保存文件，在命令提示符窗口中运行项目。启动浏览器，访问 URL 地址“http://localhost:5173/”，切换到“关于”选项卡，页面效果如图 6-5 所示。切换到“常见问题”选项卡，页面效果如图 6-6 所示。切换到“历史版本”选项卡，页面效果如图 6-7 所示。

图 6-5　切换到“关于”选项卡后的页面效果

图 6-6　切换到“常见问题”选项卡后的页面效果

图 6-7　切换到“历史版本”选项卡后的页面效果

6.4 动态路由匹配

在实际开发中，定义路由时，可以在路径中设置动态部分，将某种模式匹配到的所有路由全部映射到同一个组件。通常情况下，路径中的动态部分称为路径参数。动态路由匹

配是一种灵活的路由匹配机制，使用它可以将多个链接地址不同的导航链接匹配到同一个带有路径参数的路由上，提高路由的可复用性。

6.4.1 定义路径参数

定义路由时，可以使用冒号（:）定义路径参数，语法格式如下。

```
{path:'路径/:参数名',component:组件名}
```

例如，定义带有路径参数的路由和多个导航链接，实现动态路由匹配，示例代码如下。

```
//定义一个带有路径参数的路由 Route，该路由对应组件 Product
{path:'/product/:id',component:Product}
<!--定义导航链接，并分别为参数 id 传递值 1、2、3-->
<router-link to="/product/1">产品 1</router-link>
<router-link to="/product/2">产品 2</router-link>
<router-link to="/product/3">产品 3</router-link>
```

单击“产品 1”链接、“产品 2”链接或“产品 3”链接，都会匹配到路由 Route，从而渲染同一个组件 Product。

6.4.2 获取参数值

带有路径参数的路由匹配成功后，可以在该路由对应的组件内获取路径参数的值。获取路径参数值的方法有两种，一种是在模板中使用“$route.params.参数名”获取参数值；另一种是在逻辑中使用 defineProps()方法获取参数值。

在逻辑中使用 defineProps()方法获取参数值的方法可参考项目 4 的 4.4.1 小节。需要注意的是，使用此方法获取参数值时，需要为路由添加 props 属性，并设置属性值为 true，语法格式如下。

```
{path:'路径/:参数名',component:组件名,props:true}
```

示例 6-3 实现动态路由匹配

定义带有路径参数的路由，并分别在组件的模板和逻辑中获取参数值。（示例位置：example\project6\case6-3）

（1）使用 VS Code 编辑器打开本书配套素材“example\project6”中的 case6-3 项目，在项目的“src\components”目录下新建单文件组件“UserList.vue”和“User.vue”。

在单文件组件“UserList.vue”中输入如下代码。

```
<template>
  <div class="users-div">
```

```
    <h2>UserList 组件</h2>
    <!--定义导航链接，并为参数 username 和 id 传递值-->
    <router-link to="/users/user/小王/1001">用户 1</router-link>
    <router-link to="/users/user/小刘/1002">用户 2</router-link>
    <hr style="margin-top:10px;">
    <router-view></router-view>
  </div>
</template>
<style scoped>
  .users-div{
    width:400px;
    margin-left:auto;
    margin-right:auto;
  }
  .users-div a{
    color:black;
    padding:10px;
    text-decoration:none;
    font-size:20px;
  }
  .users-div a.router-link-active{
    background-color:cadetblue;
  }
</style>
```

在单文件组件“User.vue”中输入如下代码。

```
<template>
  <div class="user-div">
    <p>用户名：{{username}}</p>
    <!--使用“$route.params.参数名”获取参数值-->
    <p>编号：{{$route.params.id}}</p>
  </div>
</template>
<script setup>
  //使用 defineProps()方法获取参数值
  const props=defineProps({username:String})
```

```
</script>
<style scoped>
  .user-div{
    text-align:left;
  }
</style>
```

（2）在项目的“src”目录下打开“main.js”文件，定义路径为“/user”的路由及其子路由，此时路由实例的代码如下。

```
const router=createRouter({
  history:createWebHashHistory(),
  routes:[
    {path:'/home',component:()=>import('./components/Home.vue')},
    //此处省略了路径为“/about”的路由代码
    {
      path:'/users',
      component:()=>import('./components/UserList.vue'),
      children:[
        //使用“:”定义路径参数并设置 props 属性值为“true”
        {
          //路径中含有两个路径参数 username 和 id
          path:'user/:username/:id',
          component:()=>import('./components/User.vue'),
          props:true
        }
      ]
    }
  ]
})
```

（3）在项目的“src”目录下打开单文件组件“App.vue”，在<template>标签中 to 属性值为“/about”的导航链接下方添加 to 属性值为“/users”的导航链接，代码如下。

```
<router-link to="/users">用户</router-link>
```

（4）保存文件，在命令提示符窗口中运行项目。启动浏览器，访问 URL 地址“http://localhost:5173/”，切换到“用户”选项卡，页面效果如图 6-8 所示。切换到“用户 1”选项卡，页面效果如图 6-9 所示。切换到“用户 2”选项卡，页面效果如图 6-10 所示。

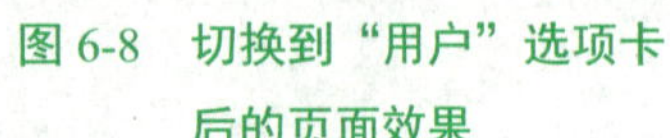
图 6-8 切换到“用户”选项卡后的页面效果

图 6-9 切换到“用户 1”选项卡后的页面效果

图 6-10 切换到“用户 2”选项卡后的页面效果

6.5 命名路由与路由视图

命名路由是指为路由定义名称。为路由命名后，可以在定义导航链接时通过路由名称匹配相应的路由，避免因路径改变导致导航链接匹配不到路由。

命名路由视图是指为路由视图定义名称。当路由中包含多个组件时，通过为路由视图命名，可以在页面的指定位置渲染路由中的指定组件。

6.5.1 命名路由

定义路由时，可以使用 name 属性命名路由，语法格式如下。

```
{path:'路径',name:'路由名',component:组件名}
```

其中，路由名不能重复。

定义导航链接时，可以通过为 to 属性传递一个对象来匹配命名的路由，语法格式如下。

```
<router-link :to="{name:'路由名',params:{参数名:参数值}}">...</router-link>
```

其中，name 属性用于指定路由名；params 属性用于传递参数值，当路由中没有设置路径参数时，可省略 params 属性。

6.5.2 命名路由视图

定义包含多个组件的路由时，需要将 component 属性修改为 components 属性，并以对象的形式定义路由视图名与组件名之间的对应关系，语法格式如下。

```
{
  path:'路径',
  components:{路由视图名:组件名,...}
}
```

其中，当路由视图名为 default 时，表示默认值。

当路由中包含多个组件时，定义路由视图时，需要使用 name 属性命名路由视图，语法格式如下。

```
<router-view name="路由视图名"></router-view>
```

其中，路由视图名为定义路由时组件名对应的路由视图名。当路由视图名为 default 时，可以省略 name 属性。

示例 6-4 为路由和路由视图命名

将 Home 组件的页面布局分为两部分，左侧和右侧显示不同的组件，右侧组件中还包含了子组件。（示例位置：example\project6\case6-4）

（1）使用 VS Code 编辑器打开本书配套素材“example\project6”中的 case6-4 项目，在项目的“src\components”目录下新建单文件组件“Left.vue”“Right.vue”和“Product.vue”。

在单文件组件“Left.vue”中输入如下代码。

```
<template>
  <div class="left-div">
    <h3>Left 组件</h3>
  </div>
</template>
```

在单文件组件“Right.vue”中输入如下代码。

```
<template>
  <div class="right-div">
    <h3>Right 组件</h3>
    <!--在 to 属性中使用 name 属性指定路由名，使用 params 属性为参数 id 传递值-->
    <router-link :to="{name:'product',params:{id:'1'}}">产品 1</router-link>
    <router-link :to="{name:'product',params:{id:'2'}}">产品 2</router-link>
    <hr style="margin-top:5px;">
    <router-view></router-view>
  </div>
</template>
<style scoped>
  .right-div a{
    color:black;
    padding:5px;
```

```
    text-decoration:none;
    font-size:15px;
  }
  .right-div a.router-link-active{
    background-color:cadetblue;
  }
</style>
```

在单文件组件“Product.vue”中输入如下代码。

```
<template>
  <div class="product-div">
    <p>产品编号：{{$route.params.id}}</p>
  </div>
</template>
```

（2）在项目的“src”目录下打开“main.js”文件，修改路径为“/home”的路由，此时路由实例的代码如下。

```
const router=createRouter({
  history:createWebHashHistory(),
  routes:[
    {
      path:'/home',
      //使用 components 属性设置一组组件
      components:{
        //设置名为默认值的路由视图对应的组件
        default:()=>import('./components/Home.vue'),
        //设置名为 left 的路由视图对应的组件
        left:()=>import('./components/Left.vue'),
        //设置名为 right 的路由视图对应的组件
        right:()=>import('./components/Right.vue')
      },
      children:[
        {
          path:'product/:id',
          name:'product',          //使用 name 属性定义路由名为 product
          component:()=>import('./components/Product.vue')
        }
      ]
    },
```

```
    //此处省略了路径为“/about”和“/users”的路由代码
  ]
})
```

（3）在项目的“src”目录下打开单文件组件“App.vue”，在<router-view>标签下方添加用于渲染 Left 组件和 Right 组件的路由视图，代码如下。

```
<!--使用 name 属性命名路由视图-->
<router-view class="left" name="left"></router-view>
<router-view class="right" name="right"></router-view>
```

（4）保存文件，在命令提示符窗口中运行项目。启动浏览器，访问 URL 地址“http://localhost:5173/”，切换到“首页”选项卡，页面效果如图 6-11 所示。切换到“产品 1”选项卡，页面效果如图 6-12 所示。切换到“产品 2”选项卡，页面效果如图 6-13 所示。

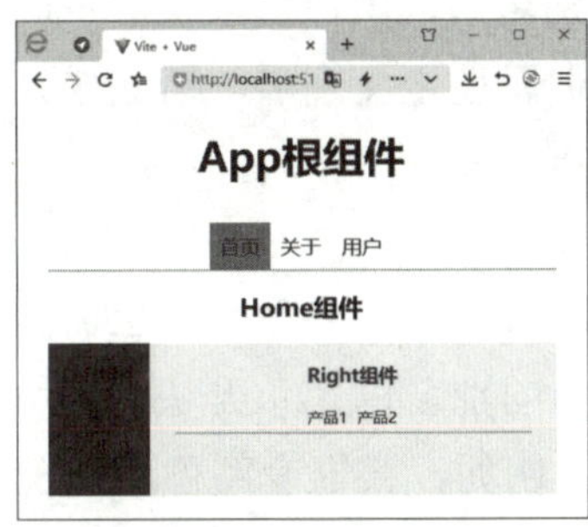

图 6-11 切换到“首页”选项卡后的页面效果

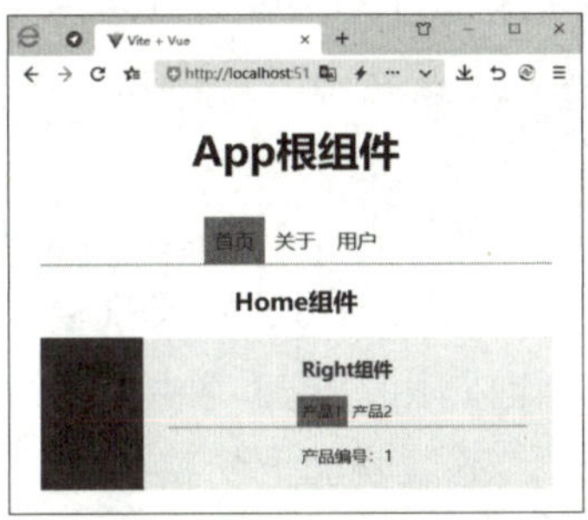

图 6-12 切换到“产品 1”选项卡后的页面效果

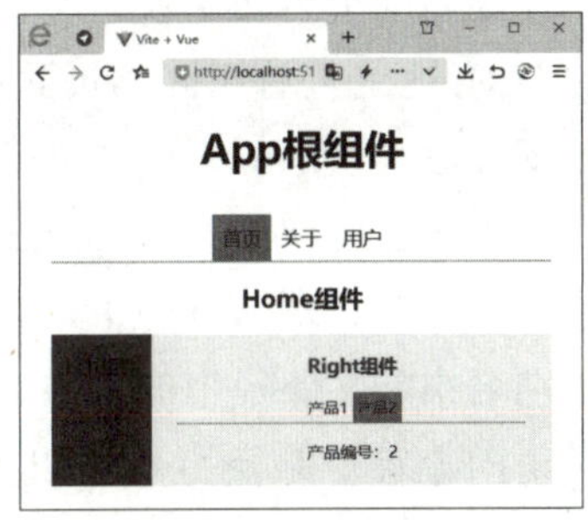

图 6-13 切换到“产品 2”选项卡后的页面效果

6.6 重定向与别名

Vue Router 提供了重定向和别名，使用它们都可以实现访问不同的 URL 地址查看相同的页面内容。

6.6.1 重定向

重定向可以实现将访问的 URL 地址强制转换为另一个 URL 地址，从而显示特定的页面内容。定义路由时，可以使用 redirect 属性设置重定向，语法格式如下。

```
{path:'路径',redirect:'重定向的路径'}
```

其中，路径为当前路由的路径；重定向的路径为已经定义的其他路由的路径。定义重定向路由时，不需要为该路由定义对应的组件。

例如，将路径为“/”的路由 A 重定向到路径为“/main”的路由 B，示例代码如下。

```
//路由 A
{path:'/',redirect:'/main'}
```

```
//路由 B
{path:'/main',component:Main}
```

直接访问 URL 地址“http://localhost:5173/#/main”，导航链接会匹配到路由 B，页面会显示 Main 组件的内容。访问 URL 地址“http://localhost:5173/”，导航链接会匹配到路由 A，路由 A 会重定向到路由 B，URL 地址会被强制转换为“http://localhost:5173/#/main”，页面也会显示 Main 组件的内容。

重定向的路径对应的路由是一个命名的路由时，定义重定向路由的语法格式如下。

```
{path:'路径',redirect:{name:'路由名'}}
```

6.6.2 别名

别名用于为路由设置一个或多个额外的路径。为路由定义别名后，用户可以访问不同的 URL 地址查看相同的页面内容。定义路由时，可以使用 alias 属性定义别名，语法格式如下。

```
{path:'路径',component:组件名,alias:'别名'}
```

其中，若别名有多个，则需要以数组的形式定义别名；若路径中存在参数，则也需要在别名中定义路径中的参数；若当前路由为嵌套路由，且子路由的别名以“/”开头，则用户访问含有子路径的 URL 地址时，不需要加上父路由的路径。例如，某嵌套路由中，父路由的路径为“/study”，子路由的别名为“['/home','main']”，当用户分别访问 URL 地址“http://localhost:5173/#/home”和“http://localhost:5173/#/study/main”时，页面都会显示子路由对应的组件。

示例 6-5　实现路由重定向并为路由添加别名

将路径为“/”的路由重定向到路径为“/home”的路由，并为路径为“/home”的路由添加别名。（示例位置：example\project6\case6-5）

（1）使用 VS Code 编辑器打开本书配套素材“example\project6”中的 case6-5 项目。在项目的“src”目录下打开“main.js”文件，添加重定向的路由并为路径为“/home”的路由添加别名，此时路由实例的代码如下。

```
const router=createRouter({
  history:createWebHashHistory(),
  routes:[
    //将路径为“/”的路由重定向到路径为“/home”的路由
    {path:'/',redirect:'/home'},
    {
      path:'/home',
```

```
      //为路由添加别名
      alias:'/main',
      components:{
        default:()=>import('./components/Home.vue'),
        left:()=>import('./components/Left.vue'),
        right:()=>import('./components/Right.vue')
      },
      children:[
        {
          path:'product/:id',
          name:'product',
          component:()=>import('./components/Product.vue')
        }
      ]
    },
    //此处省略了路径为"/about"和"/users"的路由代码
  ]
})
```

（2）保存文件，在命令提示符窗口中运行项目。启动浏览器，访问 URL 地址“http://localhost:5173/”和“http://localhost:5173/#/main”，页面效果都与图 6-11 呈现的页面效果一样。

6.7 编程式导航

在 6.2.2 小节中我们学习了使用<router-link>标签定义导航链接，这种方式称为声明式导航。当需要在 JavaScript 中根据不同的条件导航到不同的路由时，声明式导航的方式不容易实现。此时，可以先使用 Vue Router 提供的 useRouter()函数获取路由实例，然后使用路由实例提供的方法实现导航。这种方式称为编程式导航。

使用 useRouter()函数获取路由实例的语法格式如下。

```
import {useRouter} from 'vue-router'
const 路由实例=useRouter()
```

路由实例提供的用于实现导航的方法有 push()、replace()和 go()。

（1）push()方法可以实现导航到不同的路由，该方法的参数可以是一个路径，也可以是一个描述路径的对象，语法格式如下。

```
路由实例名.push('路径')
路由实例名.push({path:'路径'})
```

```
路由实例名.push({name:'路由名',params:{参数名:'参数值'}})
```

若路径中带参数，且参数为 JavaScript 中定义的数据，则需要使用“${}”包裹参数。例如，“userId”为 JavaScript 中定义的数据，则路径为“/user/${userId}”。若描述路径的对象中，params 属性中的参数值为 JavaScript 中定义的数据，则不需要使用单引号包裹参数值。若描述路径的对象中提供了 path 属性，则不需要使用 params 属性，这是因为 params 属性会被忽略。

（2）replace()方法与 push()方法类似，其区别在于，replace()方法在导航时不会向历史记录中添加新记录，而是直接替换当前的记录。使用 replace()方法实现导航到不同的路由的示例代码如下。

```
router.replace('/user')
```

在声明式导航中，可以为<router-link>标签添加 replace 属性实现在导航时直接替换当前的记录，示例代码如下。

```
<router-link to='/user' replace></router-link>
```

（3）go()方法用于实现前进或后退的功能，语法格式如下。

```
路由实例名.go(前进或后退的步数)
```

其中，前进或后退的步数的取值为整数。当取值为正数时，表示前进；当取值为负数时，表示后退。例如，router.go(1)表示前进一条记录。

示例 6-6　使用编程式导航的方式实现页面导航

使用 push()和 go()方法实现页面导航。（示例位置：example\project6\case6-6）

（1）使用 VS Code 编辑器打开本书配套素材“example\project6”中的 case6-6 项目。在项目的“src\components”目录下新建单文件组件“New.vue”，并输入如下代码。

```
<template>
  <div class="new-div">
    <h2>新组件</h2>
    <button @click="backHome()">返回首页</button>
    <br><br>
    <button @click="back()">返回上一页</button>
  </div>
</template>
<script setup>
  import {useRouter} from 'vue-router'
  const router=useRouter()           //获取路由实例
  const backHome=()=>{
    //使用 push()方法导航到路径为“/home”的路由
```

```
    router.push("/home")
  }
  const back=()=>{
    router.go(-1)                          //使用go()方法后退一条记录
  }
</script>
```

（2）在项目的“src”目录下打开“main.js”文件，定义路径为“/new”的路由，此时路由实例的代码如下。

```
const router=createRouter({
  history:createWebHashHistory(),
  routes:[
    //此处省略了其他路由的代码
    //定义路径为“/new”的路由
    {
      path:'/new',
      component:()=>import('./components/New.vue'),
    }
  ]
})
```

（3）在项目的“src”目录下打开单文件组件“App.vue”，在<template>标签中to属性值为“/users”的导航链接下方添加to属性值为“/new”的导航链接，代码如下。

```
<router-link to="/new">新组件</router-link>
```

（4）保存文件，在命令提示符窗口中运行项目。启动浏览器，访问URL地址“http://localhost:5173/”，切换到“新组件”选项卡，页面效果如图6-14所示。单击“返回首页”按钮，页面效果如图6-15所示。切换到“关于”选项卡后，再切换到“新组件”选项卡，然后单击“返回上一页”按钮，页面效果如图6-16所示。

图6-14 切换到“新组件”选项卡后的页面效果

图6-15 单击“返回首页”按钮后的页面效果

图6-16 单击“返回上一页”按钮后的页面效果

项目实施——切换显示订餐系统不同模块的内容

切换显示订餐系统不同模块的内容

订餐系统中含有多个模块，使用 Vue Router 可以在同一个页面中切换显示商品订购模块、商品评价模块和商家详情模块的内容。订餐系统的初始页面效果如图 6-17 所示。制作步骤如下。

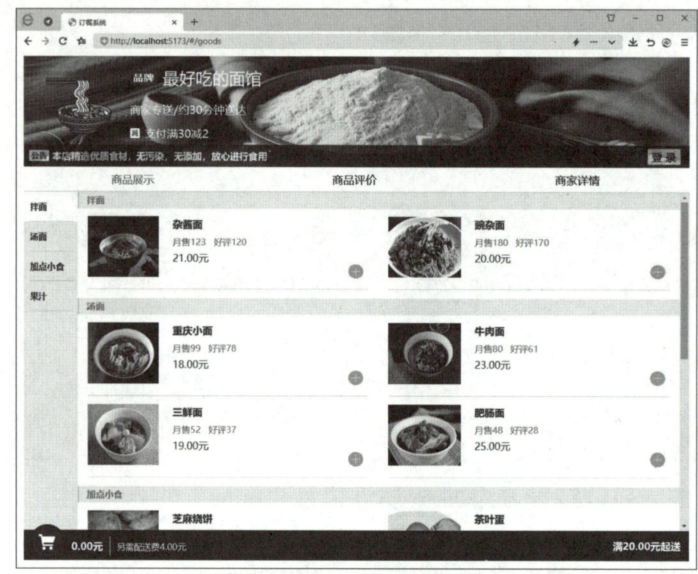

图 6-17 订餐系统的初始页面效果

步骤 1 打开命令提示符窗口，切换至本书配套素材“example\project6”中 order-system 项目的根目录下，执行如下命令安装 Vue Router。

```
yarn add vue-router@4.2.5
```

步骤 2 使用 VS Code 编辑器打开本书配套素材“example\project6”中的 order-system 项目。

步骤 3 在项目的“src”目录下打开“main.js”文件，将其内容修改为如下代码，创建并引用路由实例。

```
import {createApp} from 'vue'
//导入路由的相关函数
import {createRouter,createWebHashHistory} from 'vue-router'
import Goods from './components/Goods.vue'
import Shoper from './components/Shoper.vue'
import ShopRate from './components/ShopRate.vue'
```

```
import App from './App.vue'
//创建路由实例
const router=createRouter({
  history:createWebHashHistory(),
  //定义路由
  routes:[
    //将路径为“/”的路由重定向到路径为“/goods”的路由
    {path:'/',redirect:'/goods'},
    {path:'/goods',component:Goods},
    {path:'/shoper',component:Shoper},
    {path:'/shopRate',component:ShopRate}
  ]
})
const app=createApp(App)
app.use(router)                                    //引用路由实例
app.mount('#app')
```

步骤 4 在项目的“src”目录下打开单文件组件“App.vue”，将其内容修改为如下代码，定义导航链接和路由视图。

```
<template>
  <Header></Header>
  <div class="tab border-1px">
    <div class="tab-item">
      <!--定义导航链接，通过 to 属性设置链接地址-->
      <router-link to="/goods">
        <span class="router-text">商品展示</span>
      </router-link>
    </div>
    <div class="tab-item">
      <router-link to="/shopRate">
        <span>商品评价</span>
      </router-link>
    </div>
    <div class="tab-item">
      <router-link to="/shoper">
        <span>商家详情</span>
      </router-link>
    </div>
```

```
  </div>
  <div>
    <!--定义路由视图，匹配路由对应的组件将在这里渲染-->
    <router-view></router-view>
  </div>
</template>
<script setup>
  import Header from './components/Header.vue'
</script>
<style src="./assets/CSS/app.css" scoped></style>
```

步骤 5 将本书配套素材“example\project6\CSS”中的“app.css”文件复制到项目的“src\assets\CSS”目录下。

步骤 6 保存文件，并在命令提示符窗口中运行项目。

步骤 7 启动浏览器，访问“http://localhost:5173/”，初始页面效果如图 6-17 所示。该页面默认显示商品订购模块的内容；切换到“商品评价”选项卡，页面显示商品评价模块的内容；切换到“商家详情”选项卡，页面显示商家详情模块的内容。

步骤 8 切换至命令提示符窗口，按“Ctrl+C”组合键，停止运行项目。

项目实训

1. 实训目的

（1）掌握 Vue Router 的安装与使用方法。

（2）掌握定义嵌套路由的方法。

（3）掌握命名路由的方法。

（4）掌握重定向和编程式导航的方法。

2. 实训内容

在同一个页面中切换显示编程学习网站中导航模块和教程详情模块的内容，初始页面（见图 6-18）默认显示导航模块的内容，选择具体的教程，页面显示该教程详情模块的内容。

（1）打开命令提示符窗口，切换至本书配套素材“example\project6”中 study 项目的根目录下，为该项目下载 Vue Router。

（2）使用 VS Code 编辑器打开本书配套素材“example\project6”中的 study 项目。

（3）打开项目的“src”目录下的“main.js”文件，在数组 routes 中定义路由。其中，第 1 个路由为重定向路由，路径为“/home”，重定向路径为“/home/main”；第 2 个路由对应的路径为“/login”，组件为“Login”，路由名为“login”；第 3 个路由对应的路径为“/home”，组件为“Home”，路由名为“home”，并且该路由有两个子路由（第 1 个子路

由对应的路径为“main”，组件为“Main”；第 2 个子路由对应的路径为“body”，组件为“Body”）。

图 6-18　编程学习网站的初始页面效果

（4）打开项目的“src”目录下的单文件组件“App.vue”，首先在<template>标签中定义路由视图，然后在<script>标签中使用编程式导航的方法导航到路径为“/home”的路由。

（5）打开项目的“src\components”目录下的单文件组件“Home.vue”。在<template>标签中，首先为 id 为“main”的<span>标签添加单击事件，实现单击后导航到路径为“/home/main”的路由；然后为 id 为“span”的<span>标签添加单击事件，实现单击后导航到路径为“/home/body”的路由，并将 Vue.js 实例提供的全局数据“id”的值修改为当前选中的教程 id；最后定义路由视图。

（6）打开项目的“src\components”目录下的单文件组件“Main.vue”。在<template>标签中，为 id 为“li-item”的<li>标签添加单击事件，实现单击后导航到路径为“/home/body”的路由，并将 Vue.js 实例提供的全局数据“id”和“type”的值分别修改为当前选中的教程 id 和对应的教程类型。

（7）保存文件并运行项目，查看页面效果。

3．实训小结

按要求完成实训内容，并将实训过程中遇到的问题和解决办法记录在表 6-1 中。

表 6-1　实训过程中遇到的问题和解决办法

序号	主要问题	解决办法
1		
2		
3		
4		
5		

项目总结

完成本项目的学习与实践后，请总结应掌握的重点内容，并将图 6-19 的空白处填写完整。

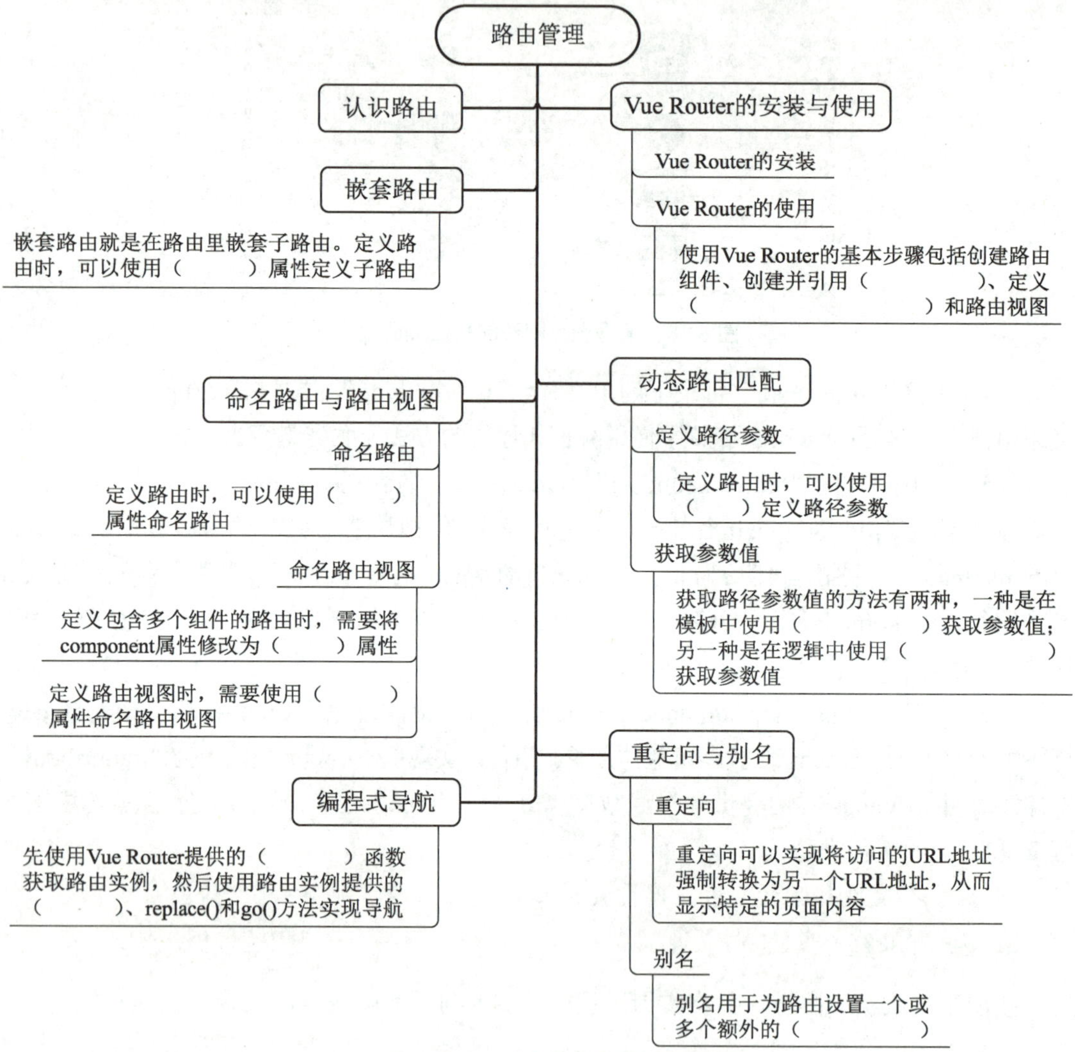

图 6-19 项目总结

项目考核

1．选择题

（1）Vue Router 提供了（　　）函数创建路由实例。

A．createRouter()　　B．createWebHashHistory()

C．createVue()　　D．addRouter()

（2）嵌套路由就是在路由里嵌套子路由。定义路由时，可以使用（　　）属性定义子路由。

A．name　　B．to

C．children　　D．component

（3）下列选项中，用于实现动态路由匹配的是（　　）。

A．`{path:'/home',component:Home}`

B．`{path:'/home/about',component:About}`

C．`{path:'/home',name:'home',component:Home}`

D．`{path:'/home/:id',component:Home}`

（4）定义路由时，可以使用（　　）属性设置重定向。

A．components　　B．key

C．redirect　　D．mode

（5）路由实例提供的用于实现导航的方法不包括（　　）。

A．push()　　B．createRouter()

C．go()　　D．replace()

2．判断题

（1）Vue Router 提供了<router-view>标签定义导航链接，<router-link>标签定义路由视图。（　　）

（2）定义嵌套路由时，子路由路径的最前面不需要加“/”。（　　）

（3）获取路径参数值的方法有两种，一种是在模板中使用“$route.params.参数名”获取参数值；另一种是在逻辑中使用 defineProps()方法获取参数值。（　　）

（4）在 Vue Router 中，不可以命名路由和路由视图。（　　）

（5）别名用于为路由设置一个或多个额外的路径。（　　）

3．操作题

创建一个 Vue.js 项目 vue-router，并为其安装 Vue Router，使用编程式导航的方式实现页面内容的切换，初始页面效果如图 6-20 所示。分别选择“用户管理”“商品管理”“订单管理”和“系统设置”选项，主页面显示不同的内容。例如，图 6-21 为选择“用户管理”选项后的页面效果。

在项目的“src\components”目录下新建 7 个单文件组件，分别为“Header.vue”“User.vue”“Shop.vue”“Order.vue”“Setting.vue”“List.vue”和“Main.vue”。其中，Header 组件的内容显示在页面顶部位置；List 组件和 Main 组件的内容分别显示在页面的左侧和右侧。List 组件显示菜单列表，选择不同的选项后，会将选项对应的组件渲染在 Main 组件中。用户管理对应 User 组件；商品管理对应 Shop 组件；订单管理对应 Order 组件；系统设置对应 Setting 组件。

图 6-20　初始页面效果

图 6-21　选择“用户管理”选项后的页面效果

项目评价

请学生结合本项目的学习情况，对学习成果进行自评和互评（组内成员相互评分），请指导教师进行师评和总评，并将评价结果填入表 6-2 中。

表 6-2　学习成果评价表

评价项目	评价内容	评价分数			
		分值	自评	互评	师评
项目完成度（20%）	项目准备阶段，回答问题清晰准确，紧扣主题，没有明显错误	5 分			
	项目实施阶段，根据操作步骤完成本项目	5 分			
	项目实训阶段，出色地完成实训内容	5 分			
	项目总结阶段，正确地将项目总结的空白信息补充完整	2 分			
	项目考核阶段，正确地完成考核题目	3 分			
知识（30%）	路由的相关知识	5 分			
	Vue Router 的安装与使用方法	5 分			
	定义嵌套路由和实现动态路由匹配的方法	10 分			
	命名路由与路由视图的方法	5 分			
	重定向、别名、编程式导航的相关知识	5 分			

（续表）

评价项目	评价内容	评价分数			
		分值	自评	互评	师评
技能（35%）	安装并使用 Vue Router	7 分			
	定义并使用嵌套路由	5 分			
	定义带有路径参数的路由，并获取参数值	8 分			
	命名路由和路由视图	5 分			
	实现路由重定向并为路由添加别名	5 分			
	以编程式导航的方式实现页面导航	5 分			
素养（15%）	具有自主学习意识，做好课前准备	5 分			
	善于思考，积极参与，勇于提出问题	5 分			
	具有团队合作精神，出色完成小组任务	5 分			
合计		100 分			
总评	综合得分：________	指导教师签字：________			
	综合等级：________				

注：综合得分可按照“自评（25%）+互评（25%）+师评（50%）”进行计算；综合等级可以“优”（综合得分≥90 分）、“良”（80 分≤综合得分＜90 分）、“中”（60 分≤综合得分＜80 分）、“差”（综合得分＜60 分）为标准进行评价。

项目7 网络请求与状态管理

项目目标

知识目标

- 掌握网络请求库 Axios 的使用方法。
- 掌握状态管理插件 Vuex 的使用方法。

技能目标

- 能够使用 Axios 实现网络请求。
- 能够使用 Vuex 进行状态管理。

素养目标

- 加强时间规划意识，提高学习效率。
- 培养持续学习的能力，能够及时掌握新技术和新工具，并将其应用到实际项目中。

项目描述

网络请求是互联网应用中实现数据交互和通信的重要手段。通过发送请求和接收响应，客户端和服务器之间可以传输数据、执行操作，实现各种复杂的功能和服务。在 Vue.js 中，推荐使用 Axios 实现网络请求。状态管理是应用程序开发中不可或缺的一部分，采用合适的状态管理技术和方法，开发人员可以更加有效地管理和控制应用程序的状态数据，从而实现更加健壮和可靠的应用程序。在 Vue.js 中，推荐使用 Vuex 进行状态管理。

为了能够实现订餐系统的登录功能，并能够在其他组件中获取登录信息，小刘决定使用 Axios 实现订餐系统的登录功能，并使用 Vuex 管理登录状态。

项目分析

实现订餐系统的登录功能并管理登录状态，需要先安装 Axios、Vuex 和 vuex-persistedstate 插件；然后，使用 Axios 提供的方法进行网络请求实现登录功能，使用 Vuex 提供的方法和属性管理登录状态，同时使用 vuex-persistedstate 持久化存储登录状态；最后，查看页面效果。

为了能够顺利实现订餐系统的登录功能并管理登录状态，本项目将对相关知识进行介绍，主要包括网络请求和状态管理。

项目准备

全班学生以 3～5 人为一组进行分组，各组选出组长。组长组织组员扫码观看“认识网络请求与状态管理”视频，讨论并回答下列问题。

问题 1：什么是网络请求？

问题 2：什么是状态管理？

认识网络请求与状态管理

7.1 网络请求

在 Vue.js 中，网络请求通常用于从服务器获取数据或向服务器发送数据。Vue.js 本身并不直接提供网络请求功能，但开发人员可以使用许多流行的 JavaScript 库（如 Axios、Fetch API 等）实现网络请求。Axios 的设计简洁易用，而且它是 Vue.js 官方推荐的用于实现网络请求的工具。

7.1.1 Axios 的安装

Axios 是一个基于 Promise 的网络请求库。它既可以在浏览器中发送 XMLHttpRequest 请求，也可以在 Node.js 中发送 HTTP 请求，还可以拦截请求和响应。

提 示

Promise 是 JavaScript 中用于实现异步操作的解决方案，可以帮助开发人员更加轻松地编写异步代码。Promise 的相关知识本书不再介绍，感兴趣的同学可自行查阅资料进行学习。

在 Vues.js 项目中，可以使用包管理工具在项目的根目录下安装 Axios，命令如下。

```
//使用 npm install 命令安装 Axios
npm install axios@1.6.2
//使用 yarn add 命令安装 Axios
yarn add axios@1.6.2
```

7.1.2 Axios 的使用

Axios 提供了两种向服务器发送请求的方式，一种是向 Axios 传递相关配置项发送请求，另一种是使用 Axios 提供的方法发送请求。

（1）向 Axios 传递相关配置项发送请求的语法格式如下。

```
//使用 import 语句导入 Axios
import axios from 'axios'
axios(config)
.then(responce=>{
  //请求成功之后执行的操作
}).catch(error=>{
  //请求失败之后执行的操作
})
```

config 是一个配置对象，包含请求的各种配置项，如 url、method 等，常用配置项的详细信息如表 7-1 所示。then()方法用于处理请求成功后要执行的相应操作，该方法的参数 response 是一个对象，这个对象是接收到的从服务器返回的响应信息，其属性的详细信息如表 7-2 所示。catch()方法用于处理请求失败后要执行的相应操作，该方法的参数 error 是一个包含错误信息的对象。

表 7-1　配置项的详细信息

<table>
<tr><th>配置项</th><th colspan="2">描述</th><th>示例</th></tr>
<tr><td>url</td><td colspan="2">请求地址，可以是相对地址或绝对地址</td><td>url:'/user'或 url:'http://localhost:8080/user'</td></tr>
<tr><td rowspan="5">method</td><td rowspan="5">创建请求时使用的请求方式，基本的请求方式有 5 种，默认的请求方式是 get</td><td>get：获取数据</td><td rowspan="5">method:'get'</td></tr>
<tr><td>post：提交数据</td></tr>
<tr><td>put：更新数据（适合数据量比较少的更新）</td></tr>
<tr><td>patch：更新数据（适合数据量比较多的更新）</td></tr>
<tr><td>delete：删除数据</td></tr>
<tr><td>params</td><td colspan="2">与请求一起发送的参数，拼接在配置项 url 的后面</td><td>params:{id:1}</td></tr>
<tr><td>data</td><td colspan="2">作为请求体被发送的数据，仅适用于 post、put、patch 和 delete 这 4 种请求方式</td><td>data:{id:1}</td></tr>
<tr><td>headers</td><td colspan="2">自定义请求头</td><td>headers:{'X-Requested-With':'XMLHttpRequest'}</td></tr>
<tr><td>timeout</td><td colspan="2">请求的超时时间，单位为毫秒，若值为 0，则永不超时</td><td>timeout:1000</td></tr>
<tr><td>baseURL</td><td colspan="2">请求地址的前缀，配置项 url 为相对地址时，自动加载到 url 的前面</td><td>baseURL:'http://localhost:8080'</td></tr>
<tr><td>responseType</td><td colspan="2">服务器返回的响应数据类型</td><td>responseType:'json'</td></tr>
</table>

表 7-1 所列的配置项中，url 是必须存在的；method 对应的请求方式中，get 和 post 请求方式是最常用的。表 7-1 只是列举了常用的配置项，其他配置项的详细信息可参考 Axios 的官方网站。

表 7-2　response 对象的属性

属性	描述	属性	描述
data	服务器返回的响应数据	headers	服务器响应的消息报头
status	服务器响应的 HTTP 状态码	config	使用 Axios 请求的配置信息
statusText	服务器响应的 HTTP 状态信息	request	请求实例

（2）使用 Axios 提供的方法发送请求的语法格式如下。

```
axios.method(url,data,config)
```

```
.then(responce=>{
  //请求成功之后执行的操作
}).catch(error=>{
  //请求失败之后执行的操作
})
```

其中，method 为请求方式，如 get、post 等；url 为请求地址；data 为请求参数，data 是可选的，当 method 的值是 post、put 或 patch 且存在请求参数时，data 存在；config 是一个对象，用于设置其他的配置项，若没有，可省略此参数。

在实际开发中，每次请求的配置项可能会重复，可以使用 Axios 提供的 create()方法创建 Axios 实例设置默认的配置项，以简化代码的编写，语法格式如下。

```
const Axios 实例名=axios.create({
  //默认的配置项
})
```

创建 Axios 实例后，可以使用上述的两种方式发送请求，语法格式如下。

```
//向 Axios 传递相关配置项发送请求
Axios 实例名(config)
//使用 Axios 提供的方法发送请求
Axios 实例名.method(url,data,config)
```

除此之外，还可以在项目的程序入口文件中使用 Axios 提供的 defaults 属性设置作用于所有请求的默认配置项，语法格式如下。

```
axios.defaults.配置项=配置项的值
```

知识库 •••

在实际开发中，需要同时发送多个请求时，可以使用 Axios 提供的 all()方法来处理并发请求，示例代码如下。

```
const request1=axios.get('http://localhost:3000/user')
const request2=axios.get('http://localhost:3000/info')
axios.all([request1,request2]).then((res)=>{
  //res[0]为 request1 请求的响应结果
  //res[1]为 request2 请求的响应结果
})
```

7.1.3 拦截器

Axios 提供了拦截器，可以在请求或响应被处理前对它们进行拦截，从而执行某些操作，实现特定的功能。

拦截器分为两种，一种是请求拦截器，另一种是响应拦截器。

（1）请求拦截器可以实现在请求发送之前执行某些操作，如修改配置、弹出提示信息等，语法格式如下。

```
axios.interceptors.request.use((config)=>{
  //在请求发送之前执行的操作
  return config
},(error)=>{
  //请求出现错误后执行的操作
  return Promise.reject(error)
})
```

（2）响应拦截器可以实现在请求成功之后执行某些操作，语法格式如下。

```
axios.interceptors.responce.use((responce)=>{
  //在进入 then()之前执行的操作
  return responce
},(error)=>{
  //发生响应异常之后执行的操作
  return Promise.reject(error)
})
```

自定义的 Axios 实例也可以添加拦截器，示例代码如下。

```
const instance=axios.create()                  //创建 Axios 实例
instance.interceptors.request.use(…)           //添加请求拦截器
instance.interceptors.responce.use(…)          //添加响应拦截器
```

示例 7-1　使用 Axios 实现网络请求

首先使用 yarn add 命令安装 Axios，然后在项目中使用 Axios 实现网络请求。（示例位置：example\project7\case7-1）

（1）打开命令提示符窗口，切换至本书配套素材“example\project7”中 case7-1 项目的根目录下，执行如下命令安装 Axios。

```
yarn add axios@1.6.2
```

（2）使用 VS Code 编辑器打开 case7-1 项目，在项目的“src”目录下打开“main.js”文件，将其内容修改为如下代码，设置作用于所有请求的默认配置项。

```
import {createApp} from 'vue'
import './style.css'
import App from './App.vue'
//导入 Axios
import axios from 'axios'
//设置默认的地址前缀
```

```
axios.defaults.baseURL='http://localhost:3000/api'
//设置默认的请求超时时间
axios.defaults.timeout=3000
createApp(App).mount('#app')
```

（3）在项目的“src”目录下打开单文件组件“App.vue”，将其内容修改为如下代码，使用 Axios 发送不同的请求执行不同的操作。

```
<template>
  <!--单击此按钮，获取所有用户的 id-->
  <button @click="getInfo">获取用户列表</button>
  <!--使用 v-for 指令循环渲染列表-->
  <li v-for="id in userList">
    用户{{id}}
    <!--单击此按钮，根据 id 获取用户的详细信息-->
    <button @click="userInfo(id)">获取详细信息</button>
    <!--单击此按钮，根据 id 删除用户-->
    <button @click="delUser(id)">删除用户</button>
  </li>
</template>
<script setup>
  import {ref} from 'vue'
  import axios from 'axios'                        //导入 Axios
  const userList=ref([])
  //获取所有用户的 id
  const getInfo=()=>{
    //使用 Axios 发送 get 请求，获取所有用户 id
    axios.get('/users')
    //请求成功之后获取服务器返回的响应数据
    .then((res)=>{userList.value=res.data})
  }
  //根据 id 获取用户信息
  const userInfo=(id)=>{
    //使用 Axios 发送 get 请求，并根据 id 获取用户的详细信息
    axios({
      url:'/info',                                 //设置请求地址
      method:'get',                                //设置请求方式
      params:{id:id}                               //设置 get 请求参数
    }).then((res)=>{
```

```
        //显示用户的详细信息
        alert("用户 ID:"+res.data.id+"\n"+"用户名:"+res.data.username
+"\n"+"联系电话: "+res.data.tel)
      })
    }
    //根据 id 删除用户
    const delUser=(id)=>{
      //使用 Axios 发送 post 请求，并根据 id 删除用户
      axios({
        url:'/del',                              //设置请求地址
        method:'post',                           //设置请求方式
        data:{id:id}                             //设置 post 请求参数
      }).then((res)=>{userList.value=res.data})
    }
  </script>
  <style scoped>
    li button{margin-left:20px;}
    li {margin-top:20px;}
  </style>
```

（4）保存文件，在命令提示符窗口中运行项目。

（5）打开新的命令提示符窗口，切换至本书配套素材的“example\project7\server”目录下，执行如下命令启动服务器。

```
  node app.js
```

（6）启动浏览器，访问“http://localhost:5173/”，初始页面效果如图 7-1 所示。单击“获取用户列表”按钮，页面效果如图 7-2 所示。单击“用户 1”所在列表的“获取详细信息”按钮，显示该用户的详细信息，页面效果如图 7-3 所示。单击“用户 1”所在列表的“删除用户”按钮，删除该用户，页面效果如图 7-4 所示。

图 7-1　初始页面效果

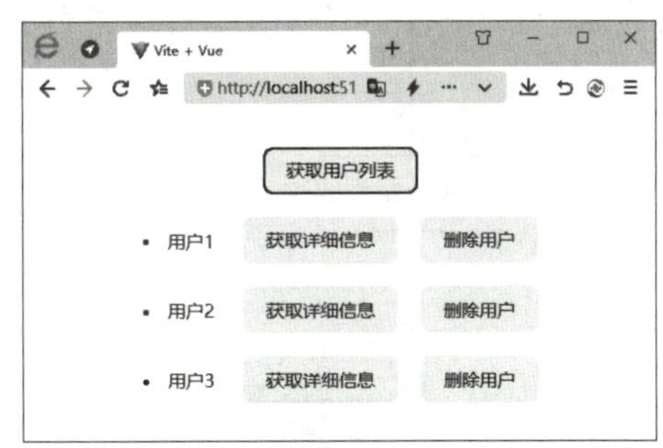

图 7-2　单击“获取用户列表”按钮后的页面效果

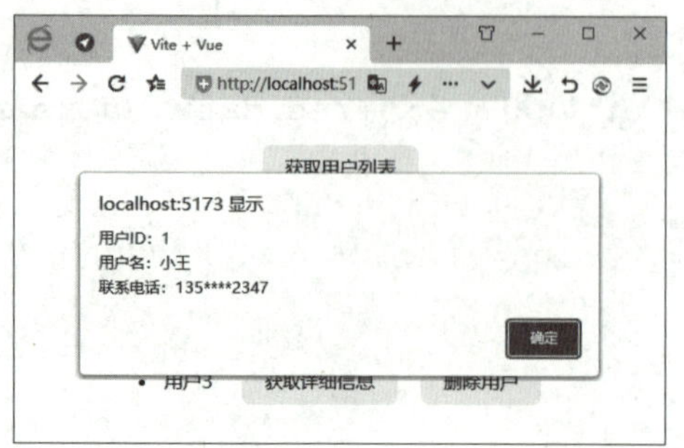

图 7-3　单击“获取详细信息”按钮后的页面效果

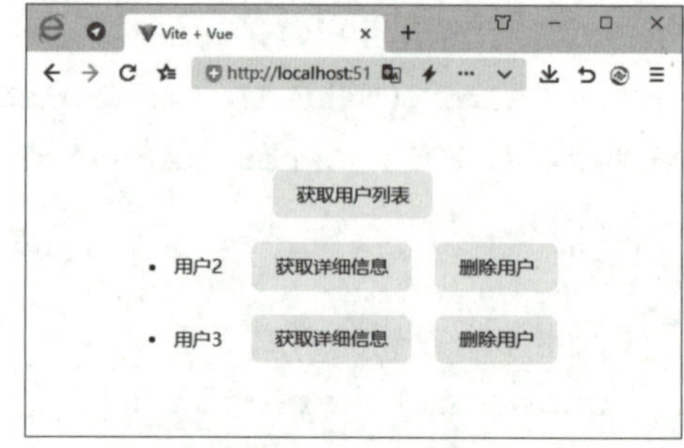

图 7-4　单击“删除用户”按钮后的页面效果

7.2 状态管理

Vue.js 的状态管理通常涉及如何在应用程序中组织、共享和更新数据。随着应用程序复杂性的增加，有效地管理状态变得尤为重要。对于简单的应用程序，可以使用项目 4 中介绍的父子组件、跨级组件之间数据传递的方式进行状态管理；对于更复杂的应用程序，特别是那些需要在多个组件之间共享数据的情况，可以使用 Vuex 进行状态管理。

7.2.1　Vuex 的安装

Vuex 是一个专门为 Vue.js 开发的状态管理插件，它采用集中式存储的方式管理应用中所有组件的状态，并以相应的规则保证状态以一种可预测的方式发生变化。Vuex 的工作流程如图 7-5 所示。

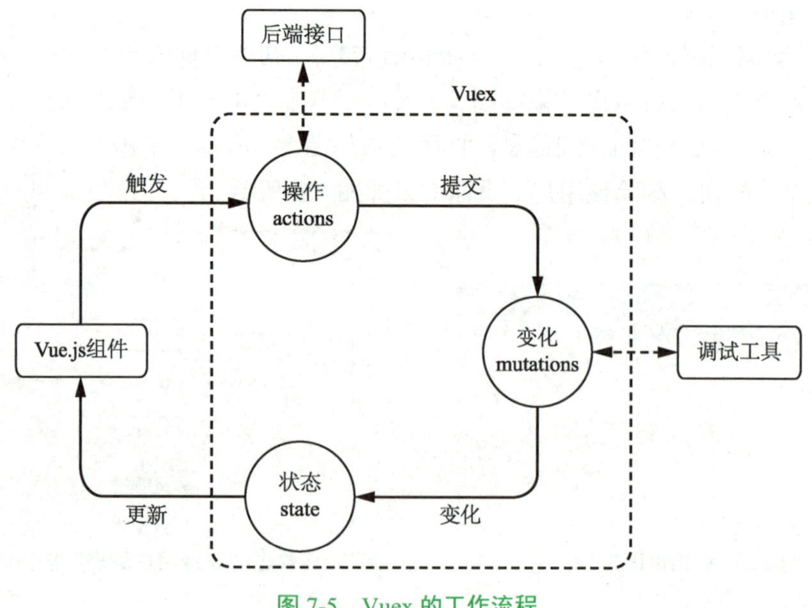

图 7-5　Vuex 的工作流程

在 Vue.js 项目中，每个组件都可以访问 Vuex 中的状态（state），当需要修改状态时，可以触发一个操作（actions），这个操作会将需要更新的数据提交给一个变化（mutations），然后在这个变化中对状态进行修改，状态发生变化后，会自动更新到组件中，从而更新页面效果。

在 Vue.js 项目中，可以使用包管理工具在项目的根目录下安装 Vuex，命令如下。

```
//使用 npm install 命令安装 Vuex
npm install vuex@4.0.2
//使用 yarn add 命令安装 Vuex
yarn add vuex@4.0.2
```

7.2.2 Vuex 的使用

Vuex 的核心就是 Store（仓库），其中包含了应用中的大部分状态。在 Vue.js 项目中，使用 Vuex 进行状态管理需要先在程序入口文件中创建并引用 Store 实例，然后才能在组件中使用 Store 实例。

1. 创建并引用 Store 实例

在 Vue.js 项目的程序入口文件中，可以使用 Vuex 提供的 createStore()函数创建 Store 实例，可以使用 Vue.js 实例的 use()方法引用 Store 实例，语法格式如下。

```
//导入 createStore()函数
import {createStore} from 'vuex'
//创建 Store 实例
const Store 实例名=createStore({
  state:{…},
  getters:{…},
  mutations:{…},
  actions:{…},
  modules:{…}
})
//引用 Store 实例，app 为一个 Vue.js 实例
app.use(store)
```

其中，Store 实例主要包含了 state、getters、mutations、actions 和 modules 五个属性，它们的详细介绍如下。

（1）state：存储组件需要共享的数据，它们都是响应式数据。state 属性的值是一个对象，语法格式如下。

```
state:{
  数据名:数据值,
```

```
  …
}
```

（2）getters：存储对 state 属性中的数据进行计算并返回新数据的方法，这些方法不会改变 state 属性中的数据，但是会返回新的数据，语法格式如下。

```
getters:{
  方法名(state){                    //参数 state 为 state 属性中的数据
    return 新数据
  },
  …
}
```

getters 属性中方法返回的新数据也是响应式数据，当方法内部使用的 state 属性中的数据发生变化时，这些方法返回的新数据会自动更新，使用这些新数据的组件也会自动更新。

getters 属性中的方法也可以接收组件传递的参数，示例代码如下。

```
getters:{
  text(state){
    return (s)=>{                   //s 为组件传递的参数
      return state.count+s
    }
  }
}
```

（3）mutations：存储更新 state 属性中数据的方法，这些方法只能处理同步操作，语法格式如下。

```
mutations:{
  方法名(state,payload){…},
  …
}
```

其中，第 1 个参数 state 为 state 属性中的数据；第 2 个参数 payload 为组件传递的参数。当组件传递的参数只有一个时，可直接传递参数值；当组件传递的参数有多个时，需要以对象的形式传递参数；当组件没有传递参数时，payload 可省略。

（4）actions：类似于 mutations 属性，不同的是，actions 属性中的方法不会直接修改 state 属性中的数据，而是通过触发 mutations 属性中的方法修改 state 属性中的数据。并且，actions 属性中的方法可以处理异步操作。actions 属性的语法格式如下。

```
actions:{
  方法名 (context,payload) {
    context.commit('mutations 属性中的方法名',payload)
  }
}
```

其中，第 1 个参数 context 是一个与 Store 实例有着相同方法和属性的对象；第 2 个参数 payload 为组件传递的参数，若不需要传递参数，payload 可省略。

（5）modules：模块化 Vuex，可以让每个模块都拥有自己的 state、getters、mutations 和 actions 属性，语法格式如下。

```
const module1={…}
const module2={…}
const store=createStore({
  modules:{
    模块名1:module1,
    模块名2:module2
  }
})
```

其中，模块名 1 和模块名 2 为定义的模块的名称。

知识库

为了更好地管理 Vue.js 项目中的代码，可以单独在一个 JS 文件中创建并导出 Store 实例，语法格式如下。

```
import {createStore} from 'vuex'
//创建Store实例
const store=createStore({
  …
})
export default store                    //导出Store实例
```

然后，在程序入口文件中导入并引用 Store 实例。

2. 获取并使用 Store 实例

在组件中使用 Store 时，首先需要获取 Store 实例。在组件的模板中，可以使用“$store”获取 Store 实例；在组件的逻辑中，可以使用 Vuex 提供的 useStore()函数获取 Store 实例，语法格式如下。

```
import {useStore} from 'vuex'
const Store实例名=useStore()
```

获取 Store 实例后，可以在组件中获取 Store 实例属性中的数据，也可以触发 Store 实例属性中的方法对数据进行操作，方法如下。

（1）获取 state 属性中的数据。

在组件的模板中，获取 state 属性中的数据时，可以直接使用“$store.state.数据名”获取；也可以先在逻辑中通过计算属性获取数据（语法格式如下），然后在模板中引用计算属性。

```
const 计算属性名=computed(()=>{
  return Store 实例名.state.数据名
})
```

在组件的逻辑中，获取 state 属性中的数据时，可以直接使用“Store 实例名.state.数据名”获取；也可以先通过计算属性获取数据，然后使用“计算属性名.value”引用计算属性返回的结果。

（2）获取 getters 属性中方法返回的新数据。

在组件的模板中，获取 getters 属性中方法返回的新数据时，可以直接使用“$store.getters.方法名(payload)”获取；也可以先在逻辑中通过计算属性获取新数据（语法格式如下），然后在模板中引用计算属性。

```
const 计算属性名=computed(()=>{
  return Store 实例名.getters.方法名(payload)
})
```

其中，payload 为组件传递的参数，若不需要传递参数，“(payload)”可省略。

在组件的逻辑中，获取 getters 属性中方法返回的新数据时，可以直接使用“Store 实例名.getters.方法名(payload)”获取，也可以先通过计算属性获取新数据，然后使用“计算属性名.value”引用计算属性返回的结果。

（3）触发 mutations 属性中的方法。

在组件中，可以使用 Store 实例的 commit()方法触发 mutations 属性中的方法，语法格式如下。

```
Store 实例名.commit('方法名',payload)
```

其中，方法名为 mutations 属性中方法的名称；payload 为组件传递的参数，若不需要传递参数，payload 可省略。

（4）触发 actions 属性中的方法。

在组件中，可以使用 Store 实例的 dispatch()方法触发 actions 属性中的方法，语法格式如下。

```
Store 实例名.dispatch('方法名',payload)
```

其中，方法名为 actions 属性中方法的名称；payload 为组件传递的参数，若不需要传递参数，payload 可省略。

（5）触发模块中的方法和获取模块中的数据。

在组件中，获取 getters 属性中方法返回的新数据和触发模块中 mutations 属性和 actions 属性中的方法时，其方式与上述方式相同。但是，在组件中获取模块中 state 属性中的数据时，需要在 state 的后面加上模块名，语法格式如下。

```
<!--在模板中获取 state 属性中的数据-->
$store.state.模块名.数据名
```

```
//在逻辑中获取 state 属性中的数据
Store 实例名.state.模块名.数据名
```

知识库

当模块中 getters 属性或 mutations 属性、actions 属性中的方法名与其他模块中的方法名相同时，可以通过添加“namespace:true”的方式为模块设置命名空间，防止误用其他模块的方法，语法格式如下。

```
const module1={
  namespace:true,
  …
}
```

在组件中获取带命名空间模块中 getters 属性中方法返回的新数据时，语法格式如下。

```
<!--在模板中获取 getters 属性中方法返回的新数据-->
$store.getters['模块名/方法名'](payload)
//在逻辑中获取 getters 属性中方法返回的新数据
Store 实例名.getters['模块名/方法名'](payload)
```

在组件中触发带命名空间模块中 mutations 属性和 actions 属性中的方法时，语法格式如下。

```
//触发 mutations 属性中的方法
Store 实例名.commit('模块名/方法名',payload)
//触发 actions 属性中的方法
Store 实例名.dispatch('模块名/方法名',payload)
```

7.2.3 持久化存储

使用 Vuex 进行状态管理时，可以使用 Vuex 的持久化存储插件 vuex-persistedstate 设置浏览器存储数据的方式，实现刷新浏览器页面后仍保留之前的操作状态。

在 Vue.js 项目中，可以使用包管理工具在项目的根目录下安装 vuex-persistedstate，命令如下。

```
//使用 npm install 命令安装 vuex-persistedstate
npm install vuex-persistedstate@4.1.0
//使用 yarn add 命令安装 vuex-persistedstate
yarn add vuex-persistedstate@4.1.0
```

安装 vuex-persistedstate 后，首先在项目的程序入口文件中导入该插件，然后在 Store 实例中添加 plugins 属性，设置浏览器存储数据的方式，语法格式如下。

```
import createPersistedState from 'vuex-persistedstate'
const store=createStore({
```

```
  plugins:[createPersistedState({
    storage:存储方式
  })],
  …
})
```

其中，存储方式可以是“window.localStorage”（表示 localStorage 存储方式）或“window.sessionStorage”（表示 sessionStorage 存储方式）。

localStorage 和 sessionStorage 是浏览器存储数据的两种方式。localStorage 方式存储的数据可以跨浏览器窗口共享，也就是说，如果在多个浏览器窗口打开了同一个地址的页面，其中一个窗口更新了存储的数据，其他窗口也会同步更新数据。sessionStorage 方式存储的数据不可以跨浏览器共享，也就是说，如果在多个浏览器窗口打开了同一个地址的页面，其中一个窗口更新了存储的数据，其他窗口不会同步更新数据。

提 示

上述语法格式中，默认存储 Store 实例 state 属性中的所有数据，如果只想存储部分数据可自行查阅资料进行学习。

示例 7-2　使用 Vuex 进行状态管理

首先使用 yarn add 命令安装 Vuex 和 vuex-persistedstate，然后在项目中使用 Vuex 进行状态管理，并实现刷新页面后保留之前的数据状态。（示例位置：example\project7\case7-2）

（1）打开命令提示符窗口，切换至本书配套素材“example\project7”中 case7-2 项目的根目录下，执行如下命令安装 Vuex。

```
yarn add vuex@4.0.2
```

（2）继续在命令提示符窗口中执行如下命令安装 vuex-persistedstate。

```
yarn add vuex-persistedstate@4.1.0
```

（3）使用 VS Code 编辑器打开 case7-2 项目，在项目的“src”目录下打开“main.js”文件，将其内容修改为如下代码，创建并引用 Store 实例。

```
import {createApp} from 'vue'
import {createStore} from 'vuex'
import createPersistedState from 'vuex-persistedstate'
import './style.css'
import App from './App.vue'
//定义模块 a
const moduleA={
  namespaced:true,                    //定义命名空间
```

```
  state:{add:0},                        //在 state 属性中定义数据
  //在 getters 属性中定义计算 state 属性中数据的方法，并返回新数据
  getters:{
    count1(state){
      return (payload)=>{return state.add+payload}
    }
  },
  //在 mutations 属性中定义修改 state 属性中数据的方法
  mutations:{increase1(state,n){state.add=state.add+n}}
}
//定义模块 b
const moduleB={
  namespaced:true,
  state:{add:0},
  getters:{
    count2(state){
      return (payload)=>{return state.add/3+payload}
    }
  },
  mutations:{increase2(state,n){state.add=state.add+n}}
}
//创建 Store 实例
const store=createStore({
  //在 modules 属性中定义模块对象
  modules:{
    a:moduleA,
    b:moduleB
  },
  //设置持久化存储方式为 sessionStorage
  plugins:[createPersistedState({
    storage:window.sessionStorage
  })]
})
const app=createApp(App)
app.use(store)                                    //引用 Store 实例
app.mount('#app')
```

（4）在项目的“src”目录下打开单文件组件“App.vue”，将其内容修改为如下代码，获取并使用 Sotre 实例。

```
<template>
  <button @click="increment1">加 1</button>
  <!--获取模块 a 中 state 属性中的数据和 getters 属性中方法返回的新数据-->
  <span> 数 值 : {{$store.state.a.add}}</span><span> 单 击 了 :
{{$store.getters['a/count1']('次')}}</span>
  <br>
  <button @click="increment2">加 3</button>
  <span>数值: {{add2}}</span><span>单击了: {{counts2}}</span>
</template>
<script setup>
  import {computed} from 'vue'
  import {useStore} from 'vuex'              //导入 useStore()函数
  const store=useStore()                     //获取 Store 实例
  //利用计算属性获取模块 a 中 state 属性中的数据
  const add2=computed(()=>{return store.state.b.add})
  //利用计算属性获取 getters 属性中方法返回的新数据
  const counts2=computed(()=>{
    return store.getters['b/count2']('次')
  })
  //触发模块 a 中 mulations 属性中的方法 increase1
  const increment1=()=>{store.commit('a/increase1',1)}
  //触发模块 b 中 mulations 属性中的方法 increase2
  const increment2=()=>{store.commit('b/increase2',3)}
</script>
<style scoped>
  button{margin-top:10px;}
  span{margin-left:20px;}
</style>
```

（5）保存文件，在命令提示符窗口中运行项目。

（6）启动浏览器，访问“http://localhost:5173/”，初始页面效果如图 7-6 所示。分别单击“加 1”按钮和“加 3”按钮，页面效果如图 7-7 所示。刷新页面后，页面效果仍与图 7-7 相同，这意味着实现了数据的持久化存储。

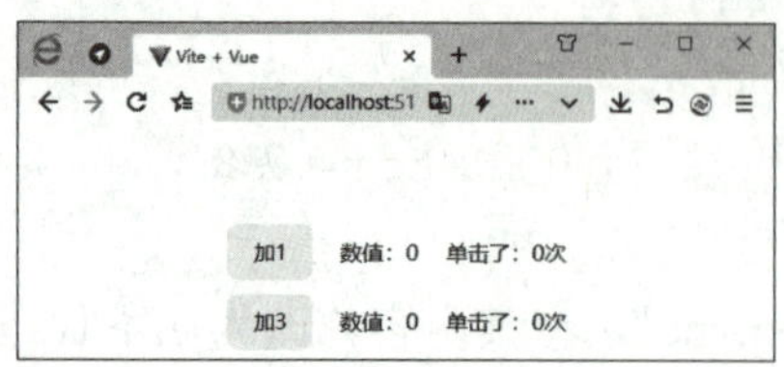

图 7-6　初始页面效果

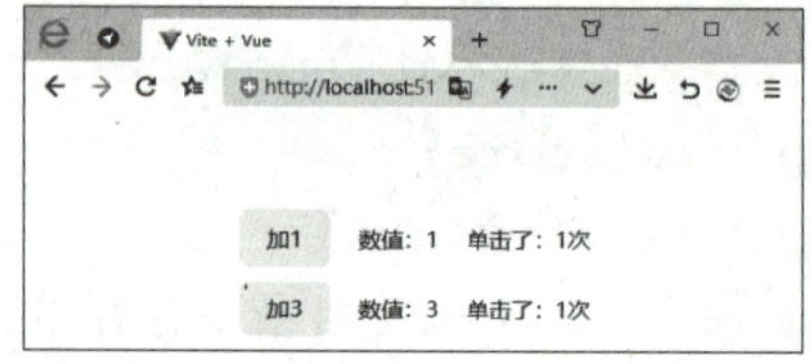

图 7-7　单击“加 1”按钮和“加 3”按钮后的页面效果

项目实施——实现登录功能并管理登录状态

实现登录功能并管理登录状态

订餐系统的登录功能主要是指根据登录模块中输入的账号和密码登录系统；登录状态的管理主要是对账号和密码数据的管理和持久化存储，以供其他组件使用，从而实现不同的系统功能。例如，在商家简介模块中实现根据订餐系统的登录状态显示“登录”按钮或“退出”按钮；在商品展示模块中实现在订餐系统的登录状态下将商品加入购物车中和删除购物车中的商品，反之在未登录状态下不允许执行这些操作；实现刷新页面，系统登录状态不变。实现步骤如下。

步骤 1 打开命令提示符窗口，切换至本书配套素材“example\project7”中 order-system 项目的根目录下，分别执行如下命令安装 Axios、Vuex 和 vuex-persistedstate。

```
yarn add axios@1.6.2
yarn add vuex@4.0.2
yarn add vuex-persistedstate@4.1.0
```

步骤 2 使用 VS Code 编辑器打开本书配套素材“example\project7”中的 order-system 项目。

步骤 3 在项目的“src”目录下新建“store.js”文件，创建 Store 实例，代码如下。

```
//导入createStore()函数
import {createStore} from "vuex"
//导入vuex-persistedstate
import createPersistedState from 'vuex-persistedstate'
//创建Store实例
const store=createStore({
  //在state属性中定义数据
  state:{
    username:'',
    password:''
  },
  //在getters属性中定义计算state属性中数据的方法，并返回新数据
  getters:{
    flag(state){
      var code=false
      if(state.username != '' && state.password != ''){
        code=true
      }
```

```
        return code
      }
    },
    //在 mutations 属性中定义修改数据的方法
    mutations:{
      //登录成功后，将用户信息存储到 state 属性中
      login(state,payload){
        state.username=payload.username
        state.password=payload.password
      },
      //退出登录后，清空 state 属性中数据的值
      outLogin(state){
        state.username=''
        state.password=''
      }
    },
    //设置持久化存储方式为 sessionStorage
    plugins:[createPersistedState({
      storage:window.sessionStorage
    })]
  })
  export default store                        //导出 Store 实例
```

步骤 4　在项目的“src”目录下打开“main.js”文件，在最上方添加如下代码导入Store实例与Axios；在路由实例上方添加如下代码设置Axios的默认配置项；在“app.use(router)”下方添加如下代码引用Store实例。

```
  //导入 Store 实例与 Axios
  import store from './store.js'
  import axios from 'axios'
  //设置 Axios 的默认配置项 baseURL 和 timeout
  axios.defaults.baseURL='http://localhost:3001'
  axios.defaults.timeout=3000
  //引用 Store 实例
  app.use(store)
```

步骤 5　在项目的“src/components”目录下打开单文件组件“Login.vue”，将其内容修改为如下代码，为“登录”按钮添加单击事件；使用defineEmits()方法声明自定义事件；在login()方法中触发自定义事件登录订餐系统，并清空登录信息。

```
<template>
  <div class="login-page">
    <!--此处省略了部分代码，完整代码可参考本书配套素材-->
    <!--添加单击事件-->
    <button type="submit" class="button-1" v-bind:disabled="disabled"
@click="login()">登 录</button>
    <button type="submit" class="button-2" @click="upLogin()">
取 消</button>
  </div>
</template>
<script setup>
  import {ref,computed} from 'vue'
  //声明自定义事件
  const emit=defineEmits(['login','upLogin'])
  const username=ref('')
  const password=ref('')
  const disabled=computed(()=>{
    return username.value.length == 0 || password.value.length
== 0
  })
  //触发自定义事件login,并清空登录信息
  const login=()=>{
    emit('login',{username:username.value,password:password.value})
    username.value=''
    password.value=''
  }
  const upLogin=()=>{
    username.value=''
    password.value=''
    emit('upLogin')
  }
</script>
```

步骤 6 在项目的“src/components”目录下打开单文件组件“Header.vue”，将其内容修改为如下代码，根据系统的登录状态显示“登录”按钮或“退出”按钮，并实现登录和退出功能。

```
<template>
  <div class="header">
```

```
    <!--此处省略了部分代码，完整代码可参考本书配套素材-->
    <div class="div-3">
      <img src="../assets/bulletin.png" class="img-h4" />
      <h4 class="div-3-h">
        <span class="span-4">{{shop.bulletin}}</span>
      </h4>
      <!--获取getters属性中方法返回的新数据，判断是否显示“登录”按钮-->
      <button class="btn" v-show="!$store.getters.flag" @click=
"showLogin">登 录</button>
      <!--获取getters属性中方法返回的新数据，判断是否显示“退出”按钮-->
      <button class="btn" v-show="$store.getters.flag" @click=
"outLogin">退 出</button>
    </div>
    <transition name="bounce">
      <div v-show="isLogin" class="login-div">
        <!--监听自定义事件login-->
        <Login class="login" @login="login" @upLogin="upLogin">
        </Login>
      </div>
    </transition>
  </div>
</template>
<script setup>
  import Login from './Login.vue'
  import {ref} from 'vue'
  import {useStore} from 'vuex'              //导入userStore()函数
  import axios from 'axios'                  //导入Axios
  const store=useStore()                     //获取Store实例
  const shop=ref({
    //此处省略了部分代码，完整代码可参考本书配套素材
  })
  //定义响应式数据isLogin，默认值为false，表示默认不显示登录页面
  const isLogin=ref(false)
  //显示登录模块的内容
  const showLogin=()=>{isLogin.value=true}
  //用户登录
  const login=(value)=>{
    //使用Axios发送post请求
```

```
    axios.post('/login',value).then((res)=>{
      //flag 的值为 1 时，表示登录成功
      if(res.data.flag===1){
        isLogin.value=false
        //使用 commit()方法触发 Store 实例 mutations 属性中的方法 login
        store.commit('login',{
          username:value.username,
          password:value.password
        })
        alert(res.data.msg)                  //显示服务器返回的数据
      }else{
        //flag 的值不为 1 时，表示登录失败，并显示登录失败提示信息
        alert(res.data.msg)
      }
    })
  }
  //退出登录
  const outLogin=()=>{
    //使用 commit()方法触发 Store 实例 mutations 属性中的方法 outLogin
    store.commit('outLogin')
  }
  const upLogin=()=>{
    isLogin.value=false
  }
</script>
```

步骤 7 在项目的“src/components”目录下打开单文件组件“Goods.vue”，在最后一条 import 语句下方添加如下代码，导入 useStore()函数并获取 Store 实例；将 cart()方法修改为如下代码，实现只有系统处于登录状态时才能将商品加入购物车。

```
//导入 useStore()函数并获取 Store 实例
import {useStore} from 'vuex'
const store=useStore()
//cart()方法
const cart=(food,flag)=>{
  //系统处于登录状态时，可以向购物车中添加商品或删除购物车中的商品
  if(store.getters.flag){
    for(let i=0;i<4;i++){
      //此处省略了部分代码，完整代码可参考本书配套素材
```

```
    }
  }else{
    //系统处于未登录状态时，显示提示信息“请先登录”
    alert("请先登录")
  }
}
```

步骤 8 保存文件，并在命令提示符窗口中运行项目。

步骤 9 打开新的命令提示符窗口，切换至本书配套素材的“example\project7\server”目录下，执行如下命令启动服务器。

```
node user.js
```

步骤 10 启动浏览器，访问“http://localhost:5173/”，在订餐系统主页中单击“登录”按钮，在打开的对话框中输入账号“admin”和密码“123456”，并单击“登录”按钮，即可成功登录，并显示提示信息“登录成功！”，如图 7-8 所示。登录成功后，订餐系统主页中的“登录”按钮消失，显示“退出”按钮；单击⊕按钮可以将商品加入购物车中；刷新页面，系统的登录状态不会改变；单击“退出”按钮可以退出登录。退出登录后，订餐系统主页中“退出”按钮消失，显示“登录”按钮；单击⊕按钮会显示提示信息“请先登录”。

图 7-8 登录的页面效果

步骤 11 切换至命令提示符窗口，按“Ctrl+C”组合键，停止运行项目。

项目实训

1. 实训目的

（1）掌握网络请求库 Axios 的使用方法。

（2）掌握状态管理插件 Vuex 的使用方法。

2. 实训内容

实现编程学习网站的登录功能。

（1）打开命令提示符窗口，切换至本书配套素材“example\project7”中 study 项目的根目录下，安装 Axios、Vuex 和 vuex-persistedstate。

（2）使用 VS Code 编辑器打开本书配套素材“example\project7”中的 study 项目。

（3）在项目的“src”目录下新建“store.js”文件，创建 Store 实例。在 Store 实例的 state 属性中定义数据 username 和 password；在 getters 属性中定义方法 isLogin（判断网站是否处于登录状态，若网站处于登录状态，返回新数据 true，若网站处于未登录状态，返回新数据 false）；在 mutations 属性中定义方法 login（将用户信息存储到 state 属性中）和 outLogin（清空 state 属性中数据的值）；在 plugins 属性中设置持久化存储的方式为 localStorage。

（4）打开项目的“src”目录下的“main.js”文件，首先导入 Store 实例与 Axios，然后定义 Axios 的默认配置项 baseURL（http://localhost:3001）和 timeout（3 000），最后引用 Store 实例。

（5）打开项目的“src\components”目录下的单文件组件“Login.vue”。在<template>标签中，为 id 为“login”的<button>标签添加单击事件，实现登录功能。在<script>标签中，定义实现登录功能的方法。其中，使用 Axios 向服务器发送 post 请求，若服务器返回的数据 flag 的值为 1（表示登录成功），触发 Store 实例 mutations 属性中的方法 login，使用 alert() 方法显示服务器返回的数据 msg，并导航到路径为“/home”的路由；若服务器返回的数据 flag 的值为 0（表示登录失败），使用 alert()显示服务器返回的数据 msg。

（6）打开项目的“src\components”目录下的单文件组件“Header.vue”。在<template>标签中，为 id 为“outLogin”的<button>标签添加单击事件，实现退出登录功能。在<script>标签中，定义实现退出登录功能的方法。其中，触发 Store 实例 mutations 属性中的方法 outLogin，并导航到路径为“/login”的路由。

（7）打开项目的“src”目录下的单文件组件“App.vue”，添加一个 if-else 判断，当网站处于登录状态时，导航到路径为“/home”的路由；当网站处于未登录状态时，导航到路径为“/login”的路由。

（8）保存文件并运行项目。

（9）打开新的命令提示符窗口，切换至本书配套素材的“example\project7\server”目录下，启动服务器。

（10）查看页面效果。

3. 实训小结

按要求完成实训内容，并将实训过程中遇到的问题和解决办法记录在表 7-3 中。

表 7-3　实训过程中遇到的问题和解决办法

序号	主要问题	解决办法
1		
2		
3		
4		
5		

项目总结

完成本项目的学习与实践后，请总结应掌握的重点内容，并将图 7-9 的空白处填写完整。

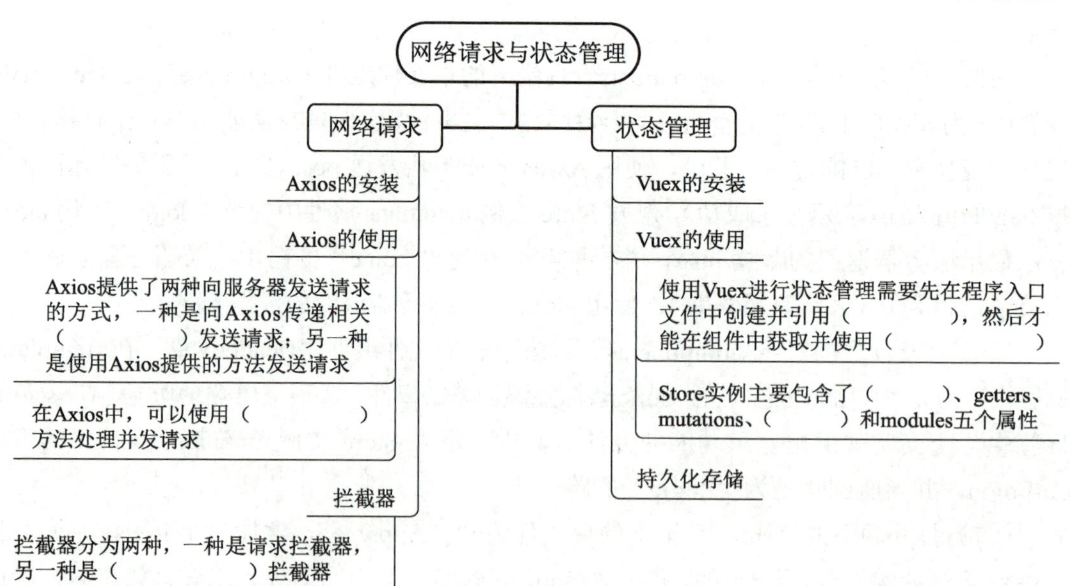

图 7-9　项目总结

项目考核

1. 选择题

（1）Axios 是一个基于（　　）的网络请求库。

A. Promise　　B. Promised　　C. Ajax　　D. Vuex

（2）在 Axios 中，用于设置请求方式的配置项是（　　）。

A. data　　B. headers　　C. method　　D. url

（3）发送请求时，用于提交数据的请求方式是（　　）。

A. get　　B. post　　C. put　　D. delete

（4）Vuex 提供的用于创建 Store 实例的函数是（　　）。

A. createStore()　　B. createApp()

C. create()　　D. createVuex()

（5）Store 实例中，（　　）属性用于存储组件需要共享的数据。

A. getters　　B. modules

C. actions　　D. state

（6）在组件中，可以使用 Store 实例的（　　）方法触发 mutations 中的方法。

A. use()　　B. commit()

C. dispatch()　　D. useStore()

2. 判断题

（1）Axios 既可以在浏览器中发送 HTTP 请求，也可以在 Node.js 中发送 XMLHttpRequest 请求。（　　）

（2）在 Axios 中设置相关配置项发送请求时，配置项 url 是必须存在的。（　　）

（3）Axios 不支持并发请求。（　　）

（4）Axios 只提供了一种拦截器，即请求拦截器。（　　）

（5）Vuex 是一个专门为 Vue.js 开发的状态管理插件。（　　）

（6）Store 实例中，getters 属性用于存储更新 state 属性中数据的方法。（　　）

（7）vuex-persistedstate 插件只能设置一种浏览器存储数据的方式。（　　）

3. 操作题

创建一个 Vue.js 项目 vue-vuex，并为其安装 Vuex 和 vuex-persistedstate，实现年龄的持久化存储，初始页面效果如图 7-10 所示。单击 6 次“年龄加 1”按钮后，页面效果如图 7-11 所示。刷新页面后，页面效果仍与图 7-11 相同。

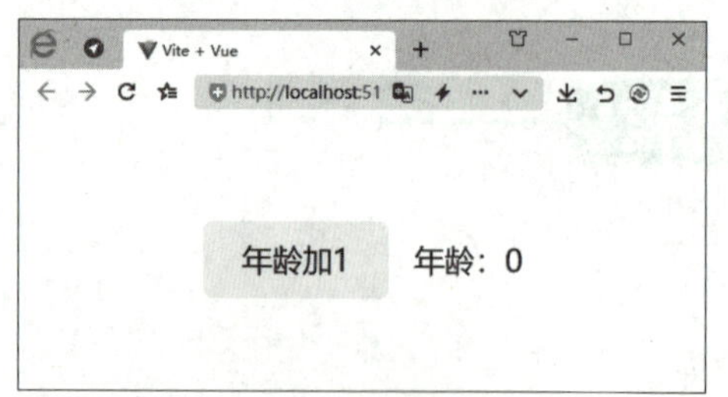

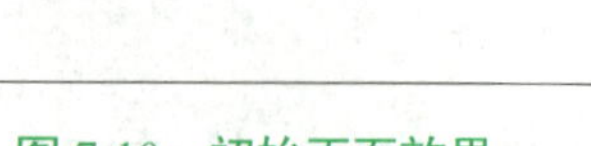

图 7-10　初始页面效果

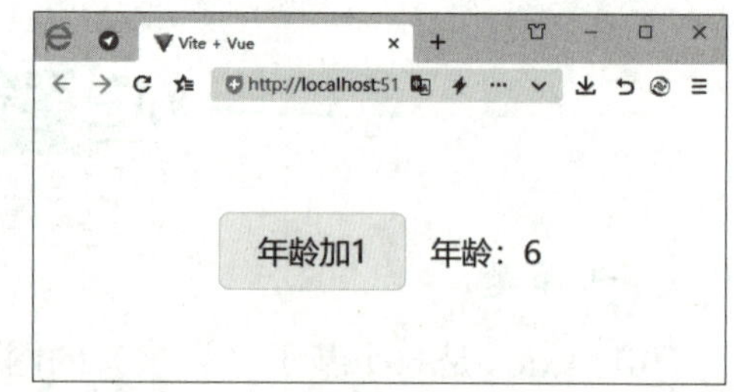

图 7-11　单击 6 次“年龄加 1”按钮后的页面效果

项目评价

请学生结合本项目的学习情况，对学习成果进行自评和互评（组内成员相互评分），请指导教师进行师评和总评，并将评价结果填入表 7-4 中。

表 7-4　学习成果评价表

评价项目	评价内容	评价分数			
		分值	自评	互评	师评
项目完成度（20%）	项目准备阶段，回答问题清晰准确，紧扣主题，没有明显错误	5 分			
	项目实施阶段，根据操作步骤完成本项目	5 分			
	项目实训阶段，出色地完成实训内容	5 分			
	项目总结阶段，正确地将项目总结的空白信息补充完整	2 分			
	项目考核阶段，正确地完成考核题目	3 分			
知识（30%）	网络请求库 Axios 的使用方法	15 分			
	状态管理插件 Vuex 的使用方法	15 分			
技能（35%）	使用 Axios 实现网络请求	15 分			
	使用 Vuex 进行状态管理	20 分			
素养（15%）	具有自主学习意识，做好课前准备	5 分			
	善于思考，积极参与，勇于提出问题	5 分			
	具有团队合作精神，出色完成小组任务	5 分			
合计		100 分			
总评	综合得分：＿＿＿＿＿＿	指导教师签字：＿＿＿＿＿＿			
	综合等级：＿＿＿＿＿＿				

注：综合得分可按照“自评（25%）+互评（25%）+师评（50%）”进行计算；综合等级可以“优”（综合得分≥90 分）、“良”（80 分≤综合得分<90 分）、“中”（60 分≤综合得分<80 分）、“差”（综合得分<60 分）为标准进行评价。

项目8

综合案例——开发图书销售网站

项目目标

知识目标

- 熟悉 Vue.js 项目的开发步骤。
- 掌握开发 Vue.js 项目的方法。

技能目标

- 能够分析图书销售网站的背景和需求。
- 能够设计图书销售网站的功能模块。
- 能够开发图书销售网站。

素养目标

- 培养前瞻性思维，养成提前规划和准备的良好习惯。
- 提升运用理论知识解决实际问题的能力。

8.1 项目背景

随着互联网和电子商务行业的快速发展，网络购物已经成为人们购物的主要方式之一。图书销售作为电子商务行业的重要组成部分，具有较大的市场潜力和商业价值。传统的实体书店面临着租金高昂、库存管理困难等问题，而图书销售网站不仅能够解决这些问题，还能为用户提供更加便捷、灵活的购书体验。因此，本项目将开发一个图书销售网站。

8.2 需求分析

图书销售网站主要是为用户提供一个简洁、美观的图书购买页面，使用户能够轻松浏览、选择和购买图书。图书销售网站在功能方面的需求如下。

（1）网站需要具备分类展示图书的功能，方便用户快速定位图书。

（2）网站需要提供查看图书详细信息的功能，包括查看书名、作者、出版社、价格、内容简介等图书信息。

（3）网站需要提供图书搜索功能，方便用户根据书名中的关键字搜索相关图书。

（4）网站需要提供账户管理功能，允许用户使用账号和密码登录网站、退出网站。

（5）网站需要提供购物车功能，允许用户将需要的图书加入购物车，并查看购物车中的图书。

素养之窗

“凡事预则立，不预则废”强调了规划和准备的重要性。在学习和工作中，我们需要提前制定目标和计划，明确自己的方向和操作步骤。只有这样，我们才能有条不紊地推进任务，提高效率和质量。同时，这也提醒我们要有前瞻性思维，预见可能遇到的问题和挑战，提前做好准备和应对措施。这种思维方式有助于培养我们的责任感和担当意识，使我们在面对困难和挑战时能够保持冷静和自信。

8.3 模块设计

图书销售网站主要包括导航模块、图书展示模块、图书详情模块、图书搜索模块、购物车模块和登录模块，如图 8-1 所示。

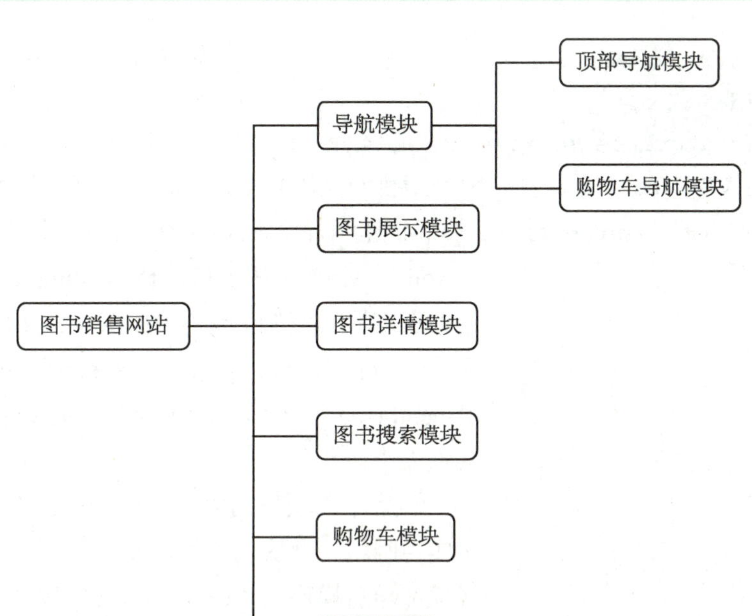

图 8-1 图书销售网站的不同模块

（1）导航模块：包含顶部导航模块和购物车导航模块。在顶部导航模块中，可以切换显示图书展示模块、图书详情模块、图书搜索模块的内容，也可以显示或隐藏登录模块的内容。在购物车导航模块中，可以显示购物车中图书的数量，也可以切换显示购物车模块的内容。

（2）图书展示模块：可以显示图书分类列表和对应类别的图书列表，并切换显示图书详情模块的内容。

（3）图书详情模块：可以显示图书的详细信息，并将图书加入购物车中。

（4）图书搜索模块：可以显示搜索的图书列表，并切换显示图书详情模块的内容。

（5）购物车模块：可以显示购物车中的图书信息，增加或减少购物车中图书的数量，删除购物车中的图书，改变图书的选中状态。

（6）登录模块：可以输入登录信息，并登录图书销售网站。

8.4 项目搭建

搭建图书销售网站项目包括创建项目、安装相关插件、新建项目所需的文件夹或文件。

（1）打开命令提示符窗口，在合适的目录下创建图书销售网站项目 book-store。

（2）切换到 book-store 项目的根目录下，分别执行如下命令安装相关插件。

```
yarn
yarn add vue-router@4.2.5                //安装路由管理器
```

```
yarn add axios@1.6.2                    //安装网络请求库
yarn add vuex@4.0.2                     //安装状态管理插件
yarn add vuex-persistedstate@4.1.0      //安装持久化存储插件
```

（3）使用 VS Code 编辑器打开图书销售网站项目 book-store，新建文件夹或文件。首先，在项目的“/src/assets”目录下新建图片资源文件夹“img”和数据资源文件夹“json”，并将本书配套素材“example\project8\img”中的所有图片复制到新建的“img”文件夹中，将本书配套素材“example\project8\json”中的数据文件“menu.json”和“books.json”复制到新建的“json”文件夹中。

然后，在项目的“src/components”目录下新建用于实现网站各模块功能的单文件组件“HeaderNav.vue”（顶部导航模块）、“CartNav.vue”（购物车导航模块）、“BookList.vue”（图书展示模块）、“BookInfo.vue”（图书详情模块）、“SelectBook.vue”（图书搜索模块）、“Cart.vue”（购物车模块）和“Login.vue”（登录模块）。

最后，在项目的“src”目录下新建用于创建 Store 实例的文件“store.js”。

此时，该项目的目录结构如图 8-2 所示。

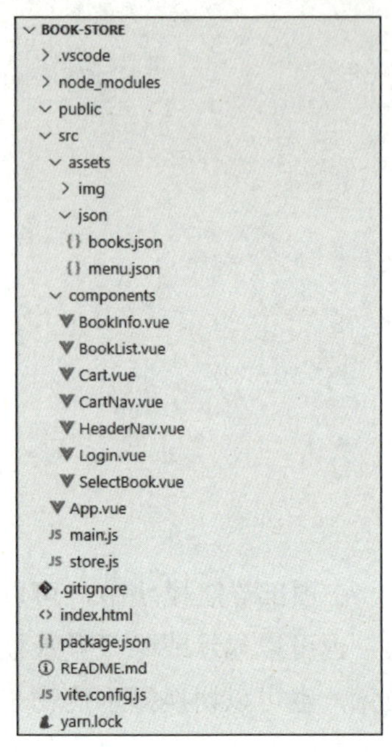

图 8-2　图书销售网站项目的目录结构

8.5 项目开发

8.5.1 实现路由管理和状态管理

图书销售网站中含有多个模块，这些模块的内容切换显示在同一个页面中，而且这些模块共享部分数据。因此，在开发图书销售网站时，可以先实现路由管理和状态管理，以便制作各模块时实现不同的功能。

1. 路由管理

图书销售网站的图书展示模块、图书详情模块、图书搜索模块和购物车模块之间的切换需要使用路由来实现，方法如下。

（1）在项目的“src”目录下打开“main.js”文件，将其内容修改为如下代码，创建并引用路由实例。

```
import {createApp} from 'vue'
```

```
import App from './App.vue'
import BookList from './components/BookList.vue'
import BookInfo from './components/BookInfo.vue'
import SelectBook from './components/SelectBook.vue'
import Cart from './components/Cart.vue'
import {createRouter,createWebHashHistory} from 'vue-router'
//创建路由实例
const router=createRouter({
  history:createWebHashHistory(),         //指定路由的工作模式
  //定义路由
  routes:[
    //将路径为“/”的路由重定向到路径为“/books”的路由
    {path:'/',redirect:'/books'},
    {path:'/books',component:BookList,name:'books'},
    {path:'/book/:id',component:BookInfo,name:'book',props:true},
    {path:'/select/:title',component:SelectBook,name:'select',
props:true},
    {path:'/cart',component:Cart,name:'cart'}
  ]
})
const app=createApp(App)
app.use(router)                              //引用路由实例
app.mount('#app')
```

（2）在项目的“src”目录下打开单文件组件“App.vue”，将其内容修改为如下代码，显示顶部导航模块和购物车模块的内容，并定义路由视图。

```
<template>
  <!--显示顶部导航模块-->
  <HeaderNav></HeaderNav>
  <!--显示购物车导航模块-->
  <CartNav></CartNav>
  <!--定义路由视图，匹配路由对应的组件将在这里渲染-->
  <router-view></router-view>
</template>
<script setup>
  import HeaderNav from './components/HeaderNav.vue'
  import CartNav from './components/CartNav.vue'
```

```
</script>
<style>
  /*此处省略了 CSS 代码，完整代码可参考本书配套素材*/
</style>
```

2. 状态管理

在图书销售网站中，需要对登录信息（包括账号和密码）和购物车中的图书信息（包括图书 id、图书数量和选中状态）进行状态管理，方法如下。

（1）在项目的“src”目录下打开“store.js”文件，创建 Store 实例，代码如下。

```
import {createStore} from 'vuex'
import createPersistedState from 'vuex-persistedstate'
//创建 Store 实例
const store=createStore({
  state:{
    username:'',
    password:'',
    //购物车中的图书信息,包含图书 id(id)、图书数量(num)和选中状态(flag,
选中值为 1; 取消选中值为 0)
    carts:[]
  },
  getters:{
    //判断是否登录
    isLogin(state){
      return state.username != '' && state.password != ''
    },
    //获取购物车中图书的数量
    getNum(state){
      if(state.carts.length===0){
        return 0
      }else{
        var num=0
        for(var item of state.carts){num=num+item.num}
        return num
      }
    },
    //判断是否全选
    getAllFlag(state){
      if(state.carts.length===0){
```

```
      return 0
    }else if(state.carts.every(target=>target.flag===1)){
      return 1
    }else{return 0}
  },
  //获取选中的购物车中的图书
  getFlagCart(state){
    return state.carts.filter(cart=>cart.flag===1)
  }
},
mutations:{
  //登录成功后，存储登录信息
  login(state,payload){
    state.username=payload.username
    state.password=payload.password
  },
  //退出登录后，清空登录信息
  outLogin(state){
    state.username=''
    state.password=''
  },
  //增加购物车中图书的数量
  add(state,payload){
    var cart=state.carts.find((item)=>item.id===payload)
    if(cart){
      state.carts.forEach((item,index)=>{
        if(item.id===payload){
          state.carts[index].num=state.carts[index].num+1
        }
      })
    }else{state.carts.push({id:payload,num:1,flag:0})}
  },
  //减少购物车中图书的数量
  reduce(state,payload){
    state.carts.forEach((item,index)=>{
      if(item.id===payload){
        state.carts[index].num=state.carts[index].num-1
      }
```

```
        })
      },
      //删除购物车中的图书
      delete(state,payload){
        state.carts.forEach((item,index)=>{
          if(item.id===payload){state.carts.splice(index,1)}
        })
      },
      //更新购物车中图书的选中状态
      upFlag(state,payload){
        state.carts.forEach((item,index)=>{
          if(item.id===payload){
            state.carts[index].flag=state.carts[index].flag === 1 ?
0 : 1
          }
        })
      },
      //全选或取消全选购物车中的图书
      upAllFlag(state,payload){
        state.carts.forEach((item,index)=>{
          state.carts[index].flag=payload
        })
      }
    },
    //持久化存储 state 属性中的数据
    plugins:[createPersistedState({
      storage:window.localStorage
    })]
  })
  export default store
```

（2）在项目的“src”目录下打开“main.js”文件，在最上方添加如下代码导入 Store.js，在“app.use(router)”下方添加如下代码引用 Store 实例。

```
  import store from './store.js'          //导入 store.js
  app.use(store)                          //引用 Store 实例
```

8.5.2 制作导航模块

导航模块包含顶部导航模块和购物车导航模块，并且这两个模块会一直显示在页面中。

1. 制作顶部导航模块

顶部导航模块包含网站 Logo、网站标题、图书搜索框、“登录”或“退出”按钮，页面效果如图 8-3 所示。其中，单击网站 Logo 或网站标题，页面显示图书展示模块的内容；在搜索框中输入书名并单击“搜索”按钮，页面显示图书搜索模块的内容；单击“登录”按钮，页面显示登录模块的内容，成功登录后，页面显示“退出”按钮。

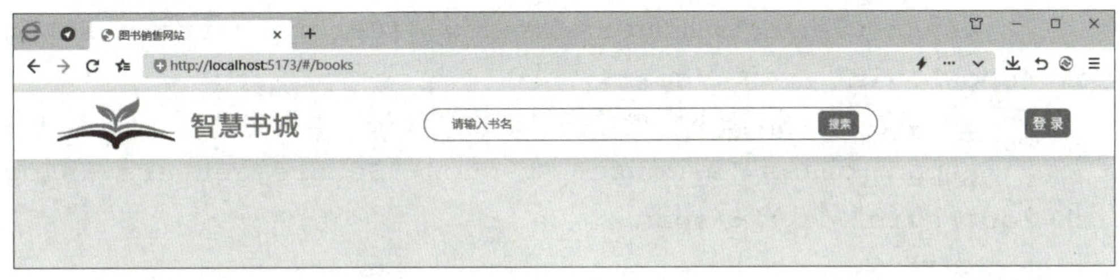

图 8-3 顶部导航模块的页面效果

在项目的“src/components”目录下打开单文件组件“HeaderNav.vue”，定义顶部导航模块的内容，代码如下。

```
<template>
  <!--顶部导航模块-->
  <div class="pcv1-top-nav">
    <div class="nav-box-inner flex">
      <!--显示网站 Logo，并使用 v-on 指令监听并处理单击事件，实现单击网站
Logo，页面显示图书展示模块的内容-->
      <img class="f1 logo" src="../assets/img/logo6.png" @click=
"goto" />
      <!--显示网站标题，并使用 v-on 指令实现单击网站标题，页面显示图书展
示模块的内容-->
      <span class="f1 pcv1-title-span" @click="goto">智慧书城
</span>
      <!--图书搜索框-->
      <div class="pcv1-search-box flex">
        <input class="f1" placeholder="请输入书名" v-model="
selection" />
        <!--显示“搜索”按钮，使用 v-on 指令实现单击“搜索”按钮，页面显
示图书搜索模块的内容-->
        <span class="a-mouse fr" @click="select">搜索</span>
      </div>
```

```
      <!--使用 v-show 指令实现显示“登录”或“退出”按钮。根据获取的 Sotre
实例的 getters 属性中的 isLogin 方法的返回值判断显示“登录”按钮还是“退出”
按钮。若返回值为 false，则显示“登录”按钮；若返回值为 true，则显示“退出”按
钮-->
      <div class="pcv1-before-login flex">
        <!--使用 v-on 指令实现单击“登录”按钮，页面显示登录模块的内容-->
        <span class="a-mouse" v-show="!$store.getters.isLogin"
@click="showLogin">登 录</span>
        <!--使用 v-on 指令实现单击“退出”按钮，退出登录-->
        <span  class="a-mouse"  v-show="$store.getters.isLogin"
@click="outLogin">退 出</span>
      </div>
    </div>
  </div>
  <!--使用 v-bind 指令向 Login 组件传递动态数据 ifShow，使用 v-on 指令监
听并处理自定义事件 closeLogin-->
  <transition name="fade">
    <Login :ifShow="ifShow" @closeLogin="closeLogin"></Login>
  </transition>
  <!--遮罩-->
  <div class="mask" v-show="ifShow"></div>
</template>
<script setup>
  import Login from './Login.vue'          //导入登录组件
  import {ref} from 'vue'
  import {useRouter} from 'vue-router'   //导入 useRouter()函数
  import {useStore} from 'vuex'          //导入 userStore()函数
  const ifShow=ref(false)                //定义响应式数据 ifShow
  const selection=ref('')          //定义单行文本框绑定的响应式数据
  const router=useRouter()               //获取路由实例
  const store=useStore()                 //获取 Store 实例
  //定义显示图书展示模块内容的方法
  const goto=()=>{router.push('/books')}
  //定义显示登录模块内容的方法
  const showLogin=()=>{ifShow.value=true}
  //定义隐藏登录模块内容的方法
  const closeLogin=()=>{ifShow.value=false}
  //定义退出登录的方法
```

```
  const outLogin=()=>{store.commit('outLogin')}
  //定义显示图书搜索模块内容的方法
  const select=()=>{
    if(selection.value!=''){
      //导航到路径为“/select/:title”的路由
      router.push('/select/'+selection.value)
    }
  }
</script>
<style scoped>
  /*此处省略了CSS代码，完整代码可参考本书配套素材*/
</style>
```

2. 制作购物车导航模块

购物车导航模块显示在网站页面的右侧，包含购物车图标和文本两部分，页面效果如图 8-4 所示。当网站处于登录状态且购物车中添加有图书时，购物车图标右上角会显示购物中图书的数量。单击购物车图标，页面显示购物车模块的内容。

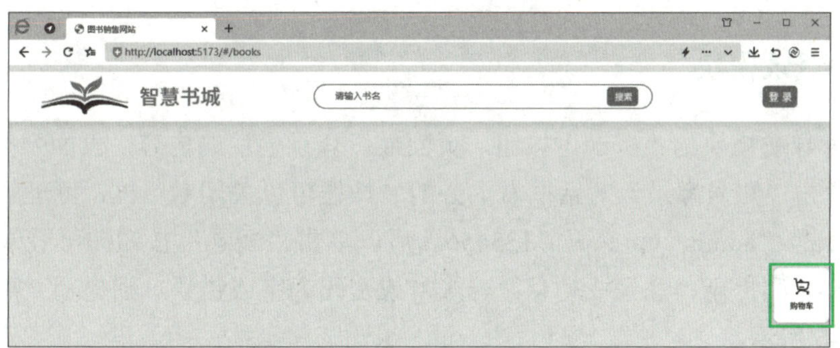

图 8-4 购物车导航模块的页面效果

在项目的“src/components”目录下打开单文件组件“CartNav.vue”，定义购物车导航模块的内容，代码如下。

```
<template>
  <!--购物车导航模块-->
  <div class="fixed-r">
    <ul class="fixed-r-ul">
        <li class="a-mouse fixed-r-cart">
        <!--网站处于登录状态且购物车中添加有图书时，显示购物车中图书的数
量-->
        <span class="car-sum" v-show="$store.getters.getNum>0
&& $store.getters.isLogin">{{$store.getters.getNum}}</span>
```

```
        <!--显示购物车图标，并使用 v-on 指令实现单击购物车图标，页面显示购物车模块的内容-->
        <div class="fixed-r-icon-box" @click="goto"></div>
        <p>购物车</p>
      </li>
    </ul>
  </div>
</template>
<script setup>
  import {useRouter} from 'vue-router'
  const router=useRouter()
  //定义显示购物车模块内容的方法
  const goto=()=>{router.push('/cart')}
</script>
<style scoped>
  /*此处省略了 CSS 代码，完整代码可参考本书配套素材*/
</style>
```

8.5.3 制作登录模块

单击顶部导航模块的“登录”按钮，页面显示登录模块的内容，页面效果如图 8-5 所示。其中，单击“账号登录”对话框右上方的×按钮可以关闭对话框，可理解为隐藏登录模块；输入账号“admin”和密码“123456”后，单击“登录”按钮即可登录网站。若账号和密码正确，则提示“登录成功!”；若账号或密码为空或错误，则提示“账号或密码错误”，如图 8-6 所示。

图 8-5　登录模块的页面效果

图 8-6 登录成功和失败的提示信息

在项目的“src/components”目录下打开单文件组件“Login.vue”，定义登录模块的内容，代码如下。

```
<template>
  <!--登录模块-->
  <div class="login-div" v-show="ifShow">
    <!--左侧显示登录图片-->
    <img class="fl" src="../assets/img/logo_4.png" />
    <!--右侧显示登录信息-->
    <div class="fr popup-box-1">
      <section class="popup-box-1-1 fl">
        <!--使用 v-on 指令实现单击×按钮，隐藏登录模块-->
        <span class="popup-box-close fr" @click="closeLogin()">
</span>
      </section>
      <h4 class="login-title">账 号 登 录</h4>
      <section class="popup-box-2 popup-margin">
        <input type="text" placeholder="请输入账号" class="tc-input
active" v-model="username" />
        <section class="login-code">
          <input type="password" placeholder="请输入密码" class=
"fl" v-model="password" />
        </section>
        <!--使用 v-on 指令实现单击“登录”按钮，登录网站-->
        <section class="popup-box-btn a-mouse" @click="login">
登 录</section>
      </section>
    </div>
  </div>
</template>
<script setup>
  import {ref} from 'vue'
  import axios from 'axios'                     //导入 Axios
```

```
import {useStore} from 'vuex'
//获取 HeaderNav 组件（顶部导航模块）传递的数据
const props=defineProps(['ifShow'])
const emit=defineEmits(['closeLogin'])      //声明自定义事件
const username=ref('')
const password=ref('')
const store=useStore()
//定义隐藏登录模块的方法
const closeLogin=()=>{
  username.value=''
  password.value=''
  //使用 emit()方法触发自定义事件 closeLogin
  emit('closeLogin')
}
//定义登录网站的方法
const login=()=>{
  var getUser={username:username.value,password:password.value}
  //使用 Axios 发送 post 请求
  axios.post('http://localhost:3001/login',getUser,{timeout:
3000}).then((res)=>{
      //flag 的值为 1 时，表示登录成功
    if(res.data.flag===1){
      //使用 commit()方法触发 Store 实例的 mutations 属性中的方法
      store.commit('login',{
        username:username.value,
        password:password.value
      })
      alert(res.data.msg)            //显示服务器返回的登录成功信息
      emit('closeLogin')             //触发自定义事件，隐藏登录模块
      username.value=''
      password.value=''
    }else{
      //flag 的值不为 1 时，表示登录失败，显示登录失败信息
      alert(res.data.msg)
    }
  })
}
```

```
</script>
<style scoped>
  /*此处省略了 CSS 代码，完整代码可参考本书配套素材*/
</style>
```

8.5.4 制作图书展示模块

进入图书销售网站后，会默认显示图书展示模块，该模块包含图书分类列表和图书列表两部分，页面效果如图 8-7 所示。其中，选择页面左侧图书分类列表中的图书类别，页面右侧显示对应类别的图书列表；选择图书列表中的图书，页面显示对应图书详情模块的内容。

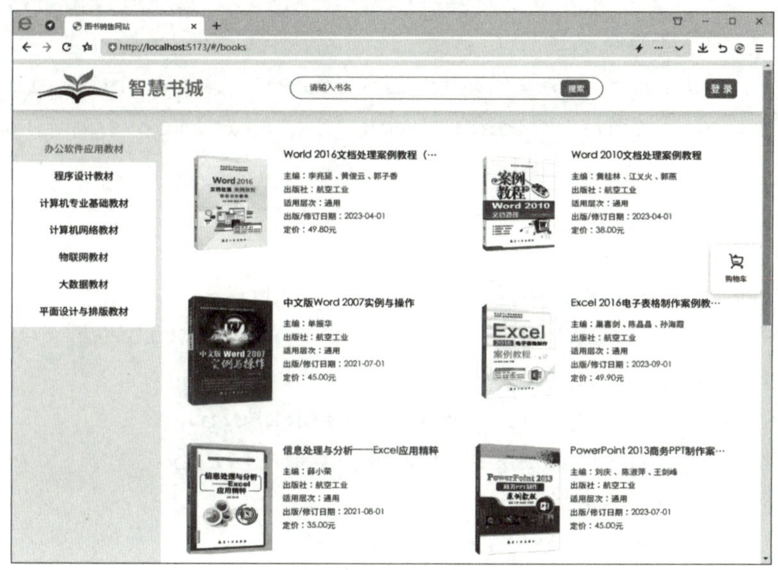

图 8-7　图书展示模块的页面效果

在项目的“src/components”目录下打开单文件组件“BookList.vue”，定义图书展示模块的内容，代码如下。

```
<template>
  <!--图书展示模块-->
  <div class="bg">
    <div class="inner-1200 clear-fix">
      <!--左侧显示图书分类列表-->
      <div class="banner-nav fl">
        <ul class="banner-nav-ul flex">
          <!--使用 v-on 指令实现选择图书分类列表中的图书类别，页面右侧显示对应类别的图书列表；使用 v-bind 指令实现当 menuType 的值为当前图书类别时，为 class 属性添加类名“active”-->
```

```
        <li class="banner-nav-li" v-for="menu in menuList" @click
="changeMenu(menu.id)" :class="{active:menuType===menu.id}">
          <p>{{menu.name}}</p>
        </li>
      </ul>
    </div>
    <!--右侧显示图书列表-->
    <div class="book-list-box fr">
      <div class="book-list-div">
        <transition-group name="list">
        <!--显示对应类别的图书;使用 v-on 指令实现选择图书列表中的图书,
页面显示对应图书详情模块的内容-->
          <div v-for="book in books" :key="book.id" v-show=
"menuType===book.type" class="book-1 f1" @click="goto(book.id)">
            <div class="book-1-img cz-c f1">
              <img class="f1" :src="geturl(book.image)" />
            </div>
            <div class="fr book-1-info">
              <h3 class="ellipsis">{{book.title}}</h3>
              <p>主编: {{book.editor}}</p>
              <p>出版社: {{book.press}}</p>
              <p>适用层次: {{book.level}}</p>
              <p>出版/修订日期: {{book.date}}</p>
              <p>定价: {{book.price}}元</p>
            </div>
          </div>
        </transition-group>
      </div>
    </div>
  </div>
</div>
</template>
<script setup>
  //导入图书分类数据
  import menuList from '../assets/json/menu.json'
  //导入图书数据
  import books from '../assets/json/books.json'
```

```
  import {ref} from 'vue'
  import {useRouter} from 'vue-router'
  const router=useRouter()
  const menuType=ref(1)           //定义默认显示的图书类别
  //定义显示对应类别图书列表的方法
  const changeMenu=(id)=>{menuType.value=id}
  const geturl=(url)=>{
    return new URL(url,import.meta.url).href
  }
  //定义显示对应图书详情模块内容的方法
  const goto=(id)=>{router.push('/book/'+id)}
</script>
<style scoped>
  /*此处省略了 CSS 代码，完整代码可参考本书配套素材*/
</style>
```

8.5.5 制作图书详情模块

图书详情模块根据获取的图书 id 展示对应图书的基本信息、“加入购物车”按钮和内容简介。其中，登录状态下，单击“加入购物车”按钮，可以将对应图书加入购物车中；未登录状态下，单击“加入购物车”按钮，页面显示提示信息“请登录”，如图 8-8 所示。

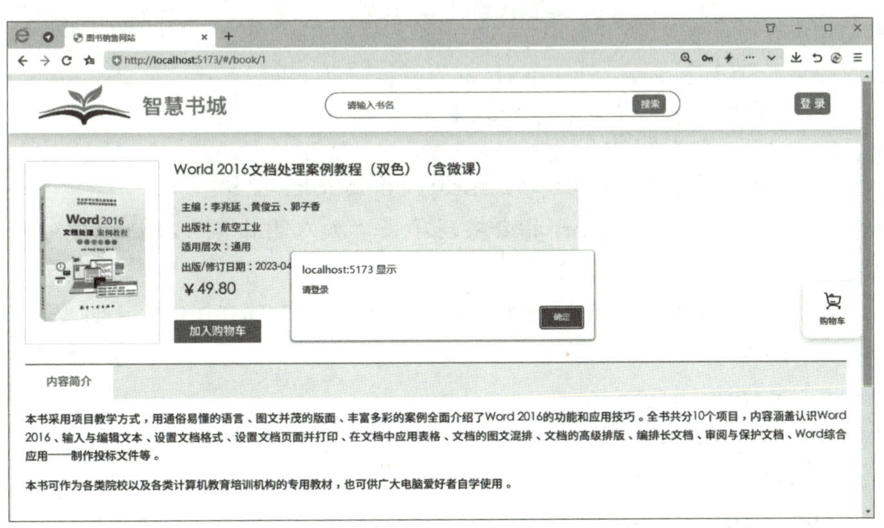

图 8-8 未登录状态下单击“加入购物车”按钮后的页面效果

在项目的“src/components”目录下打开单文件组件“BookInfo.vue”，定义图书详情模块的内容，代码如下。

```
<template>
  <!--图书详情模块-->
  <div class="base-box ">
    <div class="f1 goods-content">
      <div class="resource-book-3">
        <!--显示图书封面-->
        <section class="cz-c f1 resource-book-3-1">
          <img class="book-detail-image" :src="getUrl" />
        </section>
        <!--显示图书基本信息-->
        <section class="resource-book-3-2">
          <h4>{{getBook.title}}</h4>
          <section class="resource-book-5">
            <p class="resource-book-5-p-1">主编: {{getBook.editor}}
</p>
            <p class="resource-book-5-p-1">出版社: {{getBook.press}}
</p>
            <p class="resource-book-5-p-1">适用层次: {{getBook.level}}
</p>
            <p  class="resource-book-5-p-1"> 出 版 / 修 订 日 期 :
{{getBook.date}}</p>
            <p class="resource-book-5-p-2">
              <i class="font3">¥{{getBook.price}}</i>
            </p>
          </section>
          <!--加入购物车-->
          <section class="resource-book-4">
            <!--使用 v-on 指令实现单击“加入购物车”按钮, 将对应图书加入
购物车中-->
            <span class="f1" @click="add(getBook.id)">加入购物车
</span>
          </section>
        </section>
      </div>
      <section class="resource-book-6 shh-book-tab">
        <span class="f1 active">内容简介</span>
      </section>
      <!--显示图书内容简介-->
```

```
        <div class="resource-book-7">
          <div class="resource-book-catalogue">
            <span v-html="getBook.info"></span>
          </div>
        </div>
      </div>
    </div>
  </template>
  <script setup>
    import books from '../assets/json/books.json'
    import {computed} from 'vue'
    import {useStore} from 'vuex'
    const store=useStore()                     //获取 Store 实例
    const props=defineProps(['id']) // 获取图书 id
    //根据图书 id 获取对应图书
    const getBook=computed(()=>{return books[props.id-1]})
    //获取图书的图片
    const getUrl=computed(()=>{
      return new URL(getBook.value.image,import.meta.url).href
    })
    //定义将对应图书加入购物车中的方法，若网站处于登录状态，将对应图书加入
购物车中；若网站处于未登录状态，显示提示信息“请登录”
    const add=(id)=>{
      if(store.getters.isLogin){
        store.commit('add',id)
      }else{alert("请登录")}
    }
  </script>
  <style scoped>
    /*此处省略了 CSS 代码，完整代码可参考本书配套素材*/
  </style>
```

8.5.6 制作图书搜索模块

在顶部导航模块的搜索框中输入书名信息并单击“搜索”按钮，页面显示图书搜索模块的内容，页面效果如图 8-9 所示。图书搜索模块主要根据搜索框中输入的书名信息搜索相关的图书列表并显示在页面上；选择图书列表中的图书，页面显示对应图书详情模块的内容。

图 8-9　图书搜索模块的页面效果

在项目的“src/components”目录下打开单文件组件“SelectBook.vue”，定义图书搜索模块的内容，代码如下。

```
<template>
  <!--图书搜索模块-->
  <div class="base-box foot-margin">
    <ul class="resource-ul-box min-h">
      <!--使用 v-for 指令循环渲染搜索的图书列表-->
      <li class="resource-book-li fl" v-for="book in getBooks" @click="goto(book.id)">
        <section class="cz-c resource-book-1">
          <img class="search-book-img" :src="getUrl(book.image)" />
        </section>
        <section class="resource-book-2">
          <p class="ellipsis">{{book.title}}</p>
          <p class="ellipsis font1">主编：{{book.editor}}</p>
        </section>
      </li>
    </ul>
  </div>
</template>
<script setup>
  import {computed} from 'vue'
  import books from '../assets/json/books.json'
  import {useRouter} from 'vue-router'
  const router=useRouter()
  const props=defineProps(['title'])    //获取数据 title
  //筛选符合条件的图书列表
```

```
  const getBooks=computed(()=>{
    return books.filter(item=>item.title.includes(props.title))
  })
  const getUrl=(url)=>{
    return new URL(url,import.meta.url).href
  }
  //定义显示对应图书详情模块内容的方法
  const goto=(id)=>{router.push('/book/'+id)}
</script>
<style scoped>
  /*此处省略了 CSS 代码，完整代码可参考本书配套素材*/
</style>
```

8.5.7 制作购物车模块

单击图书销售网站页面右侧的购物车图标，页面显示购物车模块的内容。网站处于登录状态且购物车中添加有商品时，购物车模块包含显示购物车中图书信息的表格和结算信息，如图 8-10 所示。其中，在显示购物车图书信息的表格中，可以增加或减少购物车中图书的数量，直接删除购物车中的图书，选中或取消选中某本图书，全选或取消全选购物车中的所有图书。网站处于未登录状态或购物车中未添加图书时，购物车模块显示“尚未添加商品”提示信息，如图 8-11 所示。

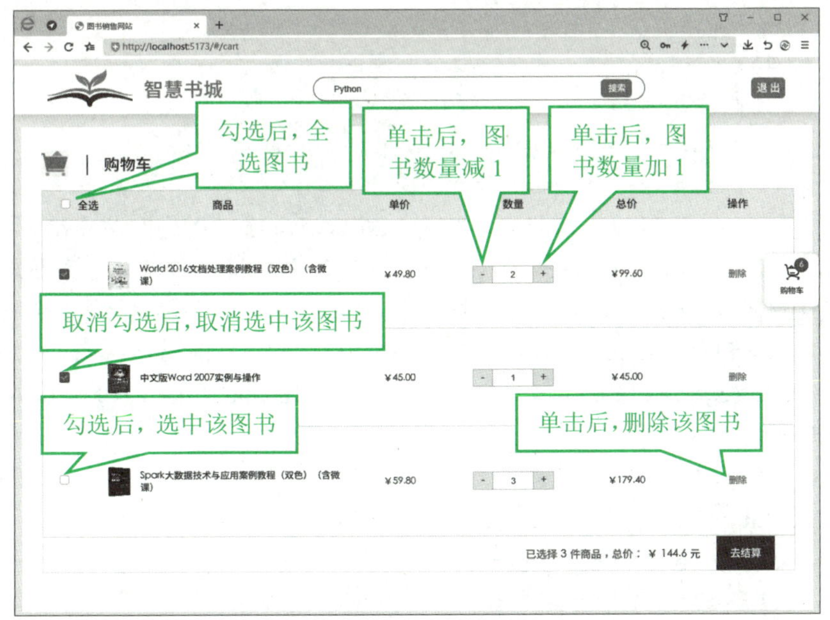

图 8-10　网站处于登录状态且购物车中添加有商品时购物车模块的页面效果

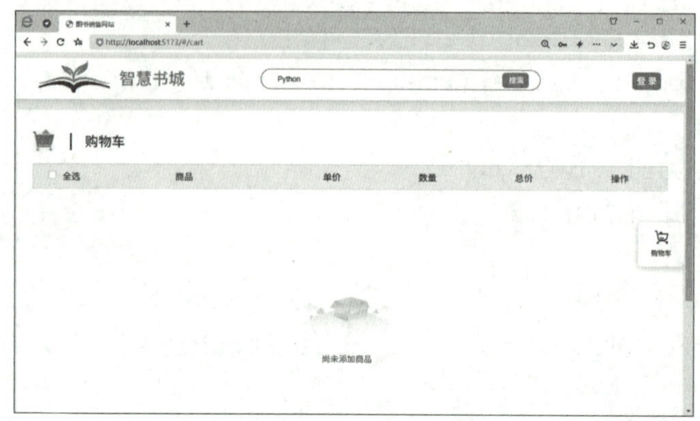

图 8-11　网站处于未登录状态或购物车中未添加商品时购物车模块的页面效果

在项目的“src/components”目录下打开单文件组件“Cart.vue”，定义购物车模块的内容，代码如下。

```
<template>
  <!--购物车模块-->
  <div class="min-h-600">
    <div class="order-box car-main">
      <!--显示购物车图标和文本-->
      <div class="nav-box">
        <img class="fl nav-box-img" src="../assets/img/cart2.png" />
        <ul class="nav-ul">
          <li class="active">购物车</li>
        </ul>
      </div>
      <!--制作表头-->
      <ul class="car-nav">
        <li class="order-nav6">
          <!--使用 v-on 指令实现勾选或取消勾选“全选”复选框，全选图书或
取消全选图书；使用 v-bind 指令为 class 属性绑定数据，实现全选图书后为 class
属性添加类名“car-xz”、取消全选图书后为 class 属性添加类名“car-wz”-->
          <div class="car-choice-btn car-choice-all" :class="
$store.getters.getAllFlag===1?'car-xz':'car-wx'" @click="upAllFlag">
</div>全选
        </li>
        <li class="order-nav1">商品</li>
        <li class="order-nav7">单价</li>
        <li class="order-nav7">数量</li>
```

```
        <li class="order-nav7">总价</li>
        <li class="order-nav7">操作</li>
      </ul>
      <!--网站处于登录状态且购物车中添加有图书时，显示购物车中的图书信息
-->
      <div class="table-div" v-show="$store.getters.getNum > 0
&& $store.getters.isLogin">
        <table class="car-goods-box">
          <tbody>
            <tr v-for="cart in $store.state.carts">
              <td class="order-nav6">
                <!--使用 v-on 指令实现勾选或取消勾选表格中图书左侧的复选
框，选中图书或取消选中图书；使用 v-bind 指令为 class 属性绑定数据，实现选中图
书后为 class 属性添加类名“car-xz”、取消选中图书后为 class 属性添加类名
“car-wz”-->
                <div class="car-choice-btn car-choice-one" :class=
"cart.flag === 1 ? 'car-xz' : 'car-wx'" @click="changeOne(cart.id)"> </div>
              </td>
              <!--显示购物车中图书的封面和书名-->
              <td class="order-nav1">
                <ul class="order-list-ul">
                  <li class="order-list-list flex">
                    <div class="goods-thumbnail-box flex">
                      <img class="goods-img" :src="getUrl(cart.id)" />
                    </div>
                    <h4 class="goods-title">{{getTitle(cart.id)}}</h4>
                  </li>
                </ul>
              </td>
              <!--图书单价-->
              <td class="order-nav7">
                ¥<span class="price-xj">{{getPrice(cart.id)}}</span>
              </td>
              <!--购物车中某图书的数量-->
              <td class="order-nav7">
                <div class="car-number-box">
                  <!--使用 v-on 指令实现单击 - 按钮，图书数量减 1-->
                  <b class="car-reduce fl" @click="reduce(cart)">-</b>
```

```
                <input class="car-number-input f1" v-model=
"cart.num" />
                <!--使用v-on指令实现单击+按钮，图书数量加1-->
                <b class="car-add f1" @click="add(cart.id)">+</b>
              </div>
            </td>
            <!--图书的总价-->
            <td class="order-nav7">
              ¥<span class="price-xj">{{(getPrice(cart.id)*
cart.num).toFixed(2)}}</span>
            </td>
            <td class="order-nav7">
              <!--使用v-on指令实现单击“删除”按钮，删除对应图书-->
              <span class="order-del" @click="del(cart.id)">删
除</span>
            </td>
          </tr>
        </tbody>
      </table>
    </div>
    <!--网站处于登录状态且购物车中添加有图书时，显示结算信息-->
    <div class="car-pay" v-show="$store.getters.getNum > 0 &&
$store.getters.isLogin">
      <a class="car-pay-a fr">去结算</a>
      <!--显示选中的图书的总数量和总价-->
      <span class="fr">
        已选择<b class="sp-js">{{getFlagCart}}</b>件商品，总价:
<b>¥<b class="price-js">{{getTotalPrice}}</b>元</b>
      </span>
    </div>
    <!--购物车中没有图书时显示的内容-->
    <div class="default-box" v-show="$store.getters.getNum
===0 || !$store.getters.isLogin">
      <img src="../assets/img/default_9.png" />
      <p class="default-tip">尚未添加商品</p>
    </div>
  </div>
 </div>
</template>
```

```
<script setup>
  import books from '../assets/json/books.json'
  import {computed} from 'vue'
  import {useStore} from 'vuex'
  const store=useStore()
  //定义减少购物车中图书数量的方法
  const reduce=(cart)=>{
    if(cart.num>1){
      //触发 Store 实例的 mutations 属性中的 reduce 方法，并传递参数，减少对应图书的数量
      store.commit('reduce',cart.id)
    }
  }
  //定义增加购物车中图书数量的方法
  const add=(id)=>{
    //触发 Store 实例的 mutations 属性中的 add 方法，并传递参数，增加对应图书的数量
    store.commit('add',id)
  }
  //定义删除购物车中图书的方法
  const del=(id)=>{
    //触发 Store 实例的 mutations 属性中的 delete 方法，并传递参数，删除对应图书 id 的图书
    store.commit('delete',id)
  }
  //定义修改图书选中状态的方法
  const changeOne=(id)=>{
    //触发 Store 实例的 mutations 属性中的 upFlag 方法，并传递参数，修改对应图书 id 的图书的选中状态
    store.commit('upFlag',id)
  }
  const getUrl=(id)=>{
    var url=books[id-1].image
    return new URL(url,import.meta.url).href
  }
  //定义获取图书书名的方法
  const getTitle=(id)=>{return books[id-1].title}
  //定义获取图书单价的方法
  const getPrice=(id)=>{return books[id-1].price}
```

```
    //定义全选或取消全选购物车中所有图书的方法
    const upAllFlag=()=>{
      if(store.getters.getAllFlag===1){
        //触发 Store 实例的 mutations 属性中的 upAllFlag 方法,并传递参数,
更新所有图书的选中状态
        store.commit('upAllFlag',0)
      }else{
        store.commit('upAllFlag',1)
      }
    }
    //定义计算属性,计算选中的图书的总价
    const getTotalPrice=computed(()=>{
      var price=0
      //获取 Store 实例的 getters 属性中的 getFlagCart 方法的返回值,获取
选中状态的图书,并计算总价
      for(var cart of store.getters.getFlagCart){
        price=getPrice(cart.id)*cart.num+price
      }
      return price.toFixed(2)
    })
    //定义计算属性,计算选中的图书的数量
    const getFlagCart=computed(()=>{
      var num=0
      for(var cart of store.getters.getFlagCart){
        num=num+cart.num
      }
      return num
    })
  </script>
  <style scoped>
    /*此处省略了 CSS 代码,完整代码可参考本书配套素材*/
  </style>
```

8.6 项目运行

完成图书销售网站各模块的制作后，按照以下步骤运行项目。

（1）保存文件。

（2）打开命令提示符窗口，切换至 book-store 项目的根目录下，执行如下命令运行项目。

```
yarn dev
```

（3）打开新的命令提示符窗口，切换至本书配套素材的“example\project8\server”目录下，执行如下命令启动服务器。

```
node user.js
```

（4）启动浏览器，访问“http://localhost:5173/”，查看图书销售网站各模块的页面效果。

项目评价

请学生结合本项目的学习情况，对学习成果进行自评和互评（组内成员相互评分），请指导教师进行师评和总评，并将评价结果填入表 8-1 中。

表 8-1　学习成果评价表

<table>
<tr><th rowspan="2">评价项目</th><th rowspan="2">评价内容</th><th colspan="4">评价分数</th></tr>
<tr><th>分值</th><th>自评</th><th>互评</th><th>师评</th></tr>
<tr><td rowspan="5">项目完成度（20%）</td><td>项目需求分析阶段，准确理解用户需求，明确项目目标</td><td>5 分</td><td></td><td></td><td></td></tr>
<tr><td>项目模块设计阶段，全面设计项目的功能模块，并确定模块之间的关系</td><td>5 分</td><td></td><td></td><td></td></tr>
<tr><td>项目搭建阶段，顺利完成项目的搭建工作</td><td>3 分</td><td></td><td></td><td></td></tr>
<tr><td>项目开发阶段，高效完成项目各模块的制作</td><td>5 分</td><td></td><td></td><td></td></tr>
<tr><td>项目运行阶段，正确运行项目，并查看项目的页面效果</td><td>2 分</td><td></td><td></td><td></td></tr>
<tr><td rowspan="2">知识（30%）</td><td>Vue.js 项目的开发步骤</td><td>15 分</td><td></td><td></td><td></td></tr>
<tr><td>开发 Vue.js 项目的方法</td><td>15 分</td><td></td><td></td><td></td></tr>
<tr><td rowspan="3">技能（35%）</td><td>分析图书销售网站的背景和需求</td><td>10 分</td><td></td><td></td><td></td></tr>
<tr><td>设计图书销售网站的功能模块</td><td>10 分</td><td></td><td></td><td></td></tr>
<tr><td>开发图书销售网站</td><td>15 分</td><td></td><td></td><td></td></tr>
<tr><td rowspan="3">素养（15%）</td><td>具有自主学习意识，做好课前准备</td><td>5 分</td><td></td><td></td><td></td></tr>
<tr><td>善于思考，积极参与，勇于提出问题</td><td>5 分</td><td></td><td></td><td></td></tr>
<tr><td>具有团队合作精神，出色完成小组任务</td><td>5 分</td><td></td><td></td><td></td></tr>
<tr><td colspan="2">合计</td><td>100 分</td><td></td><td></td><td></td></tr>
<tr><td rowspan="2">总评</td><td>综合得分：__________</td><td colspan="4" rowspan="2">指导教师签字：__________</td></tr>
<tr><td>综合等级：__________</td></tr>
</table>

注：综合得分可按照“自评（25%）+互评（25%）+师评（50%）”进行计算；综合等级可以“优”（综合得分≥90 分）、“良”（80 分≤综合得分＜90 分）、“中”（60 分≤综合得分＜80 分）、“差”（综合得分＜60 分）为标准进行评价。

参考文献

［1］古凌岚，肖蓉，袁宜英．Vue.js 前端开发基础及项目化应用：微课版［M］．北京：人民邮电出版社，2024．

［2］黑马程序员．Vue.js 前端开发实战［M］．2 版．北京：人民邮电出版社，2023．

［3］张益珲，曹艳琴．循序渐进 Vue.js 3.x 前端开发实战［M］．北京：清华大学出版社，2023．

［4］温谦．Vue.js Web 开发案例教程：在线实训版［M］．北京：人民邮电出版社，2022．

［5］聚慕课教育研发中心．Vue.js 从入门到项目实践：超值版［M］．北京：清华大学出版社，2021．